# 花生氮磷
# 高效利用生理机制

杨丽玉　吴琪　著

中国农业科学技术出版社

**图书在版编目(CIP)数据**

花生氮磷高效利用生理机制 / 杨丽玉等著. --北京：中国农业科学技术出版社，2023.10

ISBN 978-7-5116-6503-4

Ⅰ.①花…　Ⅱ.①杨…　Ⅲ.①花生-氮肥-利用②花生-磷肥-利用　Ⅳ.①S565.206.2

中国国家版本馆 CIP 数据核字(2023)第 202658 号

**责任编辑**　周　朋
**责任校对**　王　彦
**责任印制**　姜义伟　王思文

**出 版 者**　中国农业科学技术出版社
北京市中关村南大街 12 号　　邮编:100081
**电　　话**　(010) 82103898 (编辑室)　　(010) 82109702 (发行部)
(010) 82109709 (读者服务部)
**网　　址**　https://castp.caas.cn
**经 销 者**　各地新华书店
**印 刷 者**　北京建宏印刷有限公司
**开　　本**　148 mm×210 mm　1/32
**印　　张**　4.5
**字　　数**　160 千字
**版　　次**　2023 年 10 月第 1 版　2023 年 10 月第 1 次印刷
**定　　价**　48.00 元

# 《花生氮磷高效利用生理机制》著者名单

主　著：杨丽玉　吴　琪

副主著：梁海燕　沈　浦　王才斌　吴　曼
郑永美　于天一　刘　森　王香竹

著　者：（按姓氏笔画排序）
丁　红　于天一　王才斌　王香竹
尹　亮　冯　昊　刘　森　孙全喜
孙学武　杨丽玉　吴　曼　吴　琪
吴正锋　邹晓霞　沈　浦　张　正
张佳蕾　陈殿绪　郑永美　孟翠萍
秦斐斐　郭　庆　梁海燕　路　亚

# 前　　言

花生是我国传统的重要油料作物之一，具有丰富的营养价值和广泛的应用前景。我国作为花生第一大生产、消费国，种植面积居世界第二位，总产量居世界第一位。近年来，人们日益增长的消费需求与食用油供给不足矛盾日益突显，食用油产品进口量逐年攀升。大力发展花生生产、提高花生产量，是保障国家食用油供给安全的重大战略需求。

氮磷是花生的必需营养元素，氮磷的吸收利用水平对花生的产量及品质具有十分重要的作用。我国花生田复种指数较高、土壤肥力水平总体较低，土壤中投入的大量氮磷肥不仅没有被花生有效吸收利用，反而给农田土壤环境带来不利影响。最大限度地提高花生对氮磷素的利用有利于降低农业生产成本，减少花生对氮磷肥料的依赖，对提高花生产量、保障我国食用油脂安全及花生产业绿色高效可持续发展具有重要意义。

十多年来，国内外有关氮磷高效利用对包括花生在内的作物影响研究取得了重大进展，尤其在氮磷胁迫的作物响应机制、氮磷高效利用生理及分子机制、氮磷高效品种的选育、农田土壤氮磷素行为与作物营养机制、土壤微生物对作物氮磷养分高效利用调控作用以及高效栽培措施促进作物氮磷高效利用的作用等方面开展了大量创新性工作，取得了显著的进展，丰富和发展了花生氮磷高效利用机制。及时梳理和总结这些最新的研究成果，有利于推动花生氮磷高效利用理论与技术的不断发展。为此，山东省花生研究所牵头联合有关科研院所和高校长期从事花生分子生物学、生理与栽培学、育种学及土壤生态学研究和推广的人员，结合各自的研究成果，编著成本书《花生氮磷高效利用生理机制》。

全文主要有七章内容，第一章概述我国花生生产及氮磷利用总体情况；第二章介绍花生氮磷养分利用计量学分析与热点研究问题；第三章至第六章分别介绍花生氮磷营养吸收利用的生理与分子机制、不同基因型花生品种氮磷利用效率及差异特征、外源氮磷投入对土壤肥力及相关微生物多样性的影响、氮磷不同供给方式对花生营养吸收利用的作用效果；第七章介绍花生氮磷高效利用需求与管理技术策略。

本书撰写和出版得到国家自然科学基金（41501330、32201918），国家重点研发计划项目课题（2020YFD1000905）、山东省自然科学基金（ZR2022MC074、ZR2021QC096、ZR2021QC040）、山东省重大科技创新工程项目（2019JZZY010702）、山东省农业良种工程（2020LZGC001）、山东省农业科学院高层人才项目（CXGC2021B33）的资助。在撰写过程中，得到了一些单位的支持，试验基点工作人员及课题组研究生等也做了大量工作，在此一并致谢。

本书虽经过多次讨论、修改，由于著者的水平和精力有限，以及花生氮磷高效利用的生理与分子机制研究快速发展，书中难免仍存在不足和纰漏之处，恳请专家、同人和广大读者批评指正。

**著　者**

**2023 年 8 月**

# 目　　录

# 第一章　绪　论

## 一、近十年我国花生生产发展概况

花生是我国重要的、唯一具有国际竞争力的油料作物，具有丰富的营养价值和广泛的应用前景，在国民经济和社会发展中具有举足轻重的地位。近十年来，我国花生生产取得了显著发展，在种植面积、产量、单产、优特品种培育、营养价值、贸易状况再上新台阶，综合优势明显。花生生产为保障国内粮油安全、提高农民收入、促进农业生产、提升我国油料国际竞争力等方面做出了重要贡献。

### 1. 种植面积

近年来，全球花生种植面积持续增长，中国作为花生第一大出口国，花生种植面积也呈现出逐年增长的趋势。截至 2022 年，全球花生种植面积已达 3 400 万 $hm^2$，其中中国花生种植面积 480 万 $hm^2$，仅次于印度，居世界第二位。统计数据显示，我国花生种植面积从 2012 年的 460 万 $hm^2$ 增加到 2022 年的 480 万 $hm^2$，年均增长率为 0.47%（图 1-1）。我国花生四大主产区包括北方产区（河南、山东、河北、苏北、淮北）、华南产区（湘南、海南、赣南、广西、广东、福建）、长江流域产区（湖南、湖北、四川、江西、重庆、贵州、江淮地区），以及新兴的东北农牧交错带产区（辽宁、吉林），其中北方产区的面积和产量均达到全国总量的 50%以上。总体来看，我国花生产业蓬勃发展，种植面积稳中有升。

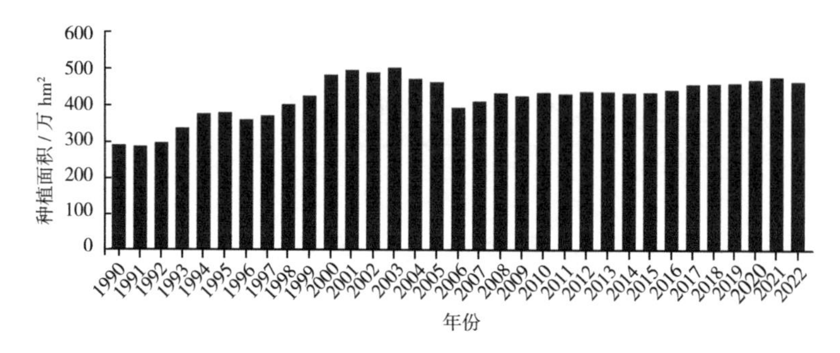


**图 1-1　1990—2022 年全国花生种植面积**

据国家统计局发布数据（图 1-2），2022 年我国花生主产省区前十位为河南、山东、广东、辽宁、四川、湖北、河北、广西、吉林、江西，种植面积占全国 84%以上。其中河南为全国花生种植面积最大省份，达到 150.67 万 $hm^2$，占全国花生种植面积的 27.48%。山东种植面积常年保持 66.67 万 $hm^2$，占全国花生种植面积的 13.02%。

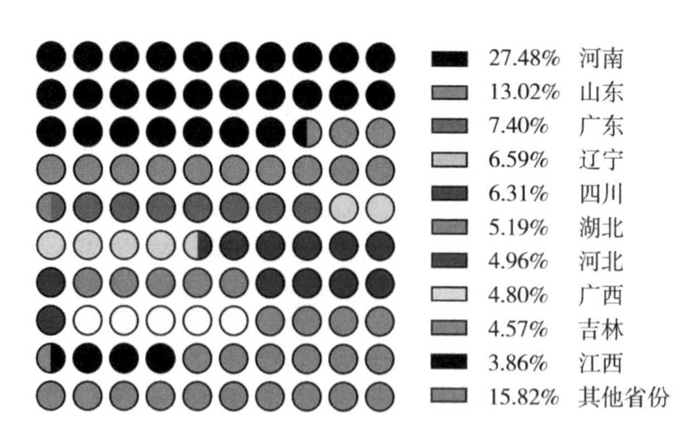


**图 1-2　2022 年各省区花生种植面积所占比例情况**

### 2. 花生产量

花生已成为我国总产量最大的油料作物。近十年来，随着种植面积的扩大和栽培技术水平的提高，我国花生产量也呈现出逐年增长的趋势，从 2013 年的 1 620 万 t 增加到 2022 年的 1 830 万 t，年均增长率为 1.364%，占全球花生总产量的 37%，常年居世界第一位，同时也是我国八大油料作物（花生、大豆、油菜籽、棉籽、葵花籽、油茶籽、亚麻籽、芝麻）产量之首。这一增长主要得益于品种改良、科学种植管理和栽培技术创新的推动。我国花生产量的增长为满足国内市场需求和出口创造了良好的条件。加入 WTO 后，我国在全球花生及其制品进出口贸易中占有相当大的比重，2017 年我国出口花生达 15 万 t、出口花生制品 37 万 t。

近十年来，花生总产居前十位的省区是河南、山东、广东、辽宁、河北、湖北、吉林、四川、安徽、广西，其中河南是我国花生最大的核心主产区，享有“世界花生看中国，中国花生看河南”之美誉。2019 年，河南、山东、河北、辽宁、吉林、广东 6 省花生产量达 1 240.3 万 t，占全国总产量的 70.8%，其中河南、山东两省产量合计占比接近五成。2022 年河南花生总产量约占全国总产量的 32.1%，山东花生产量约占全国总产量的 15.38%。

### 3. 单产

近十年来，随着种植技术进步及科学精细化管理，花生单产稳步提高，我国花生单产从 2013 年的 3 658 $kg/hm^2$ 提升到 2022 年的 3 911 $kg/hm^2$，十年增长 6.92%，年均提高 0.692%（图 1-3），十年期间，尽管局部花生种植区域发生极端天气情况导致涝害和干旱，但我国花生总体平均单产受到影响不大，并略有增加。

目前，我国花生单产居前五位的省区是安徽、新疆、河南、山东、江苏。我国花生种植属世界领先水平，单产为全球平均单产的 2.3 倍，仅次于美国。

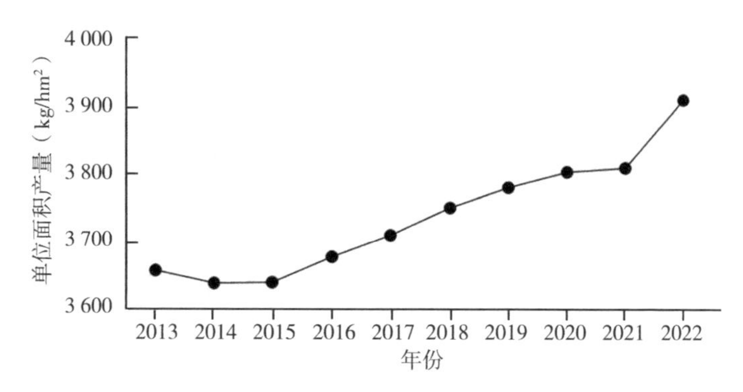


**图 1-3　2013—2022 年全国花生单位面积产量变动情况**

## 4. 种植品种

随着科技的发展，近年来我国花生栽培品种培育方面取得了显著成果，根据花生生产种植以及消费的不同需求，筛选和创制了适应不同地区和不同需求的高产优质专用型花生新品种，并逐渐替代非专用型品种，提高了花生的产量和品质。大量具有抗病、抗虫、抗逆特点的新品种应运而生，可满足不同的生态环境和种植条件的需求。新品种的推广应用，为花生产业的发展提供了更多的选择和可能性。

我国花生种质资源丰富，目前收集保存的种质资源约 8 957 份，野生近缘资源 348 份，涵盖花生属不同区组约 45 个种，仅次于国际热带半干旱地区作物研究所和美国。我国花生品种培育以传统的杂交育种为主，以远缘杂交、诱变育种为辅，杂交育种培育的品种占目前推广品种的 90%以上。对我国育成的 200 多个花生品种进行系谱分析发现，亲本主要来源于 40 多个骨干亲本。我国花生种子均为常规种，以传统的杂交育种为主，远缘杂交、诱变育种为辅。据不完全统计，截至 2019 年，我国以珍珠豆型种质为亲本育成花生品种 242 个，以普通型种质为亲本育成品种 148 个，以龙生型种质为亲本育成品种 36 个，以多粒型种质为亲本育成品种 16 个，以外国引入种质为亲本育成品种 14 个。杂交育种培育的品种占目前推广品种的 90%以上。我国从 20 世纪

60年代开始花生育种工作，70年代末主要以系统育种、杂交育种和诱变育种为手段，选育高产品种，20世纪80年代以早熟、高产、抗性好为目标，选育了一批高产、稳产、早熟品种，20世纪80年代末至90年代以高油、高产、优质、抗病、早熟、多抗等多性状聚合为育种目标，通过远缘杂交、诱变育种、航空育种等技术选育出了一批高产、早熟、多抗新品种。近十年来，分子标记辅助选择技术开始在高油酸、抗锈病、抗线虫、抗青枯等育种中应用，加速了少数关键性状的定向改良进程。最显著的是高油酸花生品种培育，高油酸花生以其优质的油脂成分和延长的货架期深受人们的喜爱，市场的需要极大地促进了高油酸花生品种培育的迅猛发展，目前已登记的就达80多个。另外，高产高油品种以及抗黄曲霉、抗青枯病、抗旱、耐低温等抗性品种培育也高效发展，为花生产业健康可持续发展提供了支撑。随着科技的发展，近年来我国花生栽培品种特性得到了显著提升。

目前我国花生品种按用途分类主要分为油用、食用加工和出口专用3种。油用花生品种主要包括豫花15号、豫花37号、远杂9102、中花8号、冀油4号等。其中高油酸花生豫花37号，因其早熟、丰产性好、品质优良、抗病性强、口感细腻等特点，目前已成为全国推广种植面积最大的高油酸花生。食用加工花生主要有四粒红、黑花生、白玉花生等品种。出口专用花生品种主要为花育22号和花育8130，其果型大，籽粒饱满，皮果清白，果仁色泽鲜艳、清脆香甜可口、营养丰富，在国内外市场上享有很高声誉。

### 5. 营养价值

花生是一种油食兼用的高油脂高蛋白作物，花生油是我国植物油中仅次于菜籽油的第二大植物油，其特有的香味深受国人喜爱。花生不仅是优质的食用油来源，也是优质的植物蛋白来源，营养丰富，含有大量的蛋白质；不饱和脂肪酸的含量很高；含有多种维生素和难以从其他食物中获取的铜、镁、钾、钙、锌、铁、硒、碘等元素；此外，花生中还富含甾醇、胆碱、植物固醇、白藜芦醇、异黄酮、抗氧化剂等植物活性化合物，具有重要的保健作用。花生是我国食用最普遍的干果之一，很适宜制作成各种营养食品和风味极佳的小吃。坚持食用花生有助于减少血液中低密度脂蛋白含量，降低心脑血管疾病风险，并帮助控制血糖和体重。

### 6. 贸易状况

花生是非常具有国际竞争力的油料作物，是我国重要的出口创汇作物，在世界花生贸易中占有重要地位。我国花生及其产品出口全球 80 多个国家，出口主要集中于欧洲和亚洲，且最近几年对其他洲的出口量也不断增加，尤其是对北美出口增加明显。在亚洲，我国花生主要出口日本和东盟国家。与此同时，由于国内花生价格的上涨以及季节差异导致国内市场需要在淡季从东南亚进口鲜食花生。近年来我国花生原料及花生油进口量持续增加，花生原料主要进口国为苏丹、塞内加尔、美国、阿根廷，花生油进口国主要是巴西、印度、阿根廷。国内花生价格按照市场规律总体呈周期性变化，主要受到国际国内市场供需变化影响。从消费来源方面看，我国花生自给率为 94. 5%，进口花生占总消费量的 5. 5%。从花生榨油和食品用消费用途方面看，压榨占 61%，食品用占 39%。

## 二、氮磷对花生生长发育的重要作用

### 1. 花生需氮状况

氮素是花生体内许多重要有机化合物的组成部分，氮素直接参与蛋白质和核酸的合成，也是叶绿素以及各种酶、维生素和生物碱的组成成分，直接关乎花生的生长发育、产量及品质的形成。当氮素供应适宜时，花生生长茂盛，叶面积增长快，叶绿，光合强度高，荚果成实饱满。氮肥不足时，蛋白质、核酸、叶绿素的合成受阻，植株矮小，叶片黄瘦，分枝减少，光合强度低，产量低；氮素过多，则植株徒长倒伏，贪青晚熟，造成减产。根据测定，成熟后的花生植株体内根、茎、叶等营养体内的全氮含量为 1.51%，占全株总氮量的 28.4%；果针、幼果、荚果等生殖体内的全氮含量为 3.11%，占全株总氮量的 71.6%。花植株体内的含氮量远比禾谷类作物高，每生产 100 kg 荚果，需吸收纯氮（N）5kg，比生产相同数量的禾谷籽粒高 1.3~2.4 倍。

近十年来，由于我国花生产量总体呈上升趋势，由 2013 年的 $16.08\times10^7$ t 增加到 2022 年的 $18.32\times10^7$t，花生的需氮量也随之增加了约 13.93%，2022 年已达 $9.98\times10^5$ t。从各省份需氮量来看，由于河南、山东是花生最大的主产区，河南和山东的需氮量最高，分别占总需氮量的 33.60% 和 14.74%，其次为广东、辽宁、河北、湖北、吉林和四川，分别占 4.28%~6.33%，其余省份所占比例皆低于 4.0%（图 1-4）。

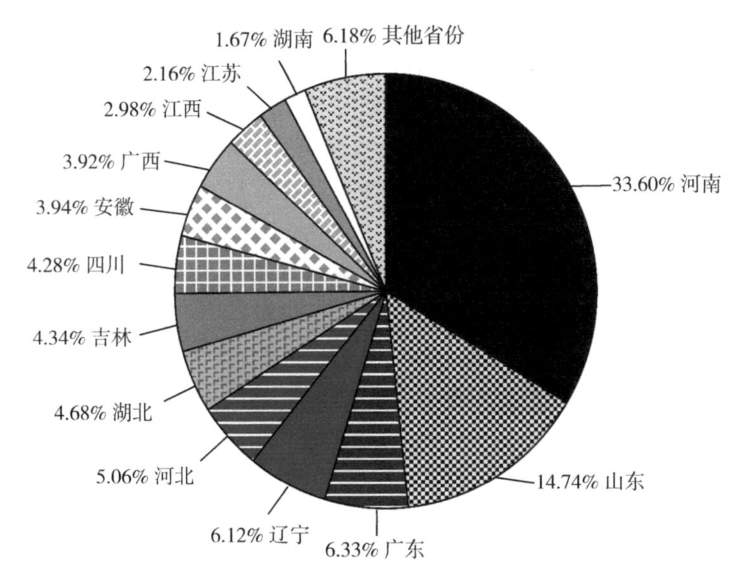


**图 1-4　2013—2022 年全国各省区花生需氮量估算**

花生所需要的氮素营养是以铵态氮（$NH_4^+$）和硝酸态（$NO_3^-$）形式吸收。氮素来源主要有土壤供氮、肥料供氮和根瘤菌固氮。花生对氮素化肥中的氮当季吸收利用率为41.8%～50.4%，吸收利用率与施氮量呈极显著负相关，损失率与施氮量呈显著正相关。在中等肥力砂壤土不施肥的条件下，花生植株体内的氮素来源，根瘤菌氮率为79%，其余为土壤供氮。在每公顷施纯氮37.5～225.0g范围内，根瘤菌供氮率为17%～71%，肥料供氮率为6%～40%，土壤供氮率为22%～57%。根瘤菌供氮率与施氮量呈极显著负相关，肥料、土壤供氮率与施氮量呈极显著正相关。

**2. 花生对氮的吸收机制**

花生对氮的直接吸收可通过2种途径（器官）：根系吸收和荚果吸收。氮素的吸收转运机制是个复杂的生理生化过程，涉及氮循环，尤其是氨基酸的合成与代谢，包括经韧皮部由茎到根及经木质部由根到茎的过程。在植物营养生长阶段，植株的根部对氮素的吸收起到关键作用，其中土壤中的根群和单位根体积内氮素的吸收量是主要的决定因素。花生和其他植物一样，对氮素响应的分子机制有两种，分别为吸收转运硝态氮$NO_3^-$和铵态氮$NH_4^+$的分子机制。铵态氮被吸收后，可以直接利用，与有机酸作用合成氨基酸和蛋白质。硝态氮被吸收后，经硝酸还原酶还原成铵态氮。花生根系吸收的氮素，首先运转到茎叶，然后再输送到果针、幼果和荚果。由于旱地作物土壤中氮素主要以硝态氮的形式存在，因此土壤中的硝态氮是花生的主要氮素利用类型。除了根系之外，氮素还可以直接通过荚果进入花生植株体内。花生植株大约10%的氮素来源于荚果吸收。

植物为了实现通过根系从土壤中吸收硝态氮和铵态氮，分别进化出由nitrate transporter（NRT）家族蛋白组成的高亲和氮运输系统和由ammonium transporter（AMT）家族蛋白组成的铵态氮运输系统。由于花生可以与根瘤菌共生形成根瘤，花生还可以通过直接

利用大气中的 $N_2$ 进行根瘤固氮。根瘤固氮的潜力巨大，研究表明，对花生而言，根瘤的固氮量约能满足花生需氮量的近 50%。花生根瘤固氮能力严重依赖土壤环境氮量，根瘤固氮量与土壤氮量呈负相关，在花生苗期和后期以及根瘤生成或固氮能力受到抑制的情况下，花生则主要依靠吸收土壤氮来满足生长发育的需要（吴正锋等，2016；左元海等，2003；杨丽玉等，2020）。

### 3. 氮肥对花生生长的作用

氮素是植物生长的基础营养元素之一，研究表明，氮素对花生叶片叶绿素的合成和光合作用、相关代谢酶活性、植株的株高和分枝数具有直接影响。充足的氮素供应可以增加花生叶片中叶绿素的含量，提高叶片的光合能力，促进花生植株内相关酶的活性，增加光合产物的合成和转运，提高植物对养分的吸收和利用效率，促进花生的植株茎伸长和分枝增多，使花生植株生长更加旺盛，增加产量潜力。适宜的氮肥用量可以提高花生叶片、茎和根等营养器官中可溶性蛋白质及游离氨基酸含量。每公顷施氮 90kg 时，花生叶片、茎和根等营养器官中具有较高游离氨基酸含量；适宜的氮肥供应还有利于提高花生与氮素代谢关键的硝酸还原酶、谷氨酰胺合成酶和谷氨酸脱氢酶活性。相关研究表明，盆栽条件下，花生叶片前、中期硝酸还原酶活性与施氮量呈正相关关系；大田条件下，花生叶片后期硝酸还原酶活性与施氮量呈正相关关系。大田施氮对小粒型花生氮素代谢及相关酶活性的影响研究发现，适当的氮素水平既能增加花生根、茎、叶和果各器官中可溶性蛋白质和游离氨基酸的含量，又能提高硝酸还原酶、谷氨酰胺合成酶和谷氨酸脱氢酶等氮素同化酶的活性，使其达到同步增加之目的。可见，合理施氮不仅可以提高花生体内与氮素代谢相关的酶活性以保证氮代谢的顺利进行，增加花生蛋白质和氨基酸含量，而且可以促进光合性能提高，进而促进植株生长，增加产量。

### 4. 花生需磷状况

磷是花生生长发育必需的营养元素之一，是核酸、核苷酸、蛋白质、磷脂等物质的重要组成成分。在全球高品位磷资源将于 50 年内耗竭、磷肥利用率低、环境污染风险大的复杂现状下，探究花生磷的供需特征、吸收机制及高效利用途径，对于缓解磷资源短缺、提高磷肥效率、控制磷环境污染风险等将起到至关重要的作用。现阶段，我国磷肥未能合理施用、土壤潜在磷的开发利用程度低、不同花生品种对磷的吸收效率存在差异，这些方面都有待于深入研究（赵志强，1992；刘路等，2019）。

大田中，每产出 100 kg 花生荚果，植株的需磷量可达到 0. 6～1. 3 kg。花生的需磷量在近十年也增加了约 14. 28%，2022 年约为 $1.36\times10^5$ t。从各省份需磷量来看，河南和山东最高，分别占总需磷量的 33. 49% 和 14. 69%，其次为广东、辽宁、河北、湖北、吉林和四川，分别占 4. 27%～6. 31%，其余省份所占比例皆低于 4. 0%。在花生中，磷是各种含磷化合物的重要组成成分，且在光合作用的能量传递、物质储存及呼吸过程中糖的运输转化等过程中都起着非常重要的作用。花生缺磷时，根系和地上部生长发育受到抑制，叶片出现紫红色斑点，缺磷严重时花生显著减产。不同生育时期，花生对磷的需求也有明显差异：结荚期植株吸磷量可占全生育时期的 50% 以上，而开花期前和饱果期植株的吸磷量均低于 15%。花生植株不同部位对磷的需求量也有显著差异，大多数磷主要积累在花生荚果中。魏志强等（2002）通过试验进一步证实花生对磷的吸收与其品种密切相关，磷高效品种花生能够利用少量的磷满足自身生长发育的需求，或是吸收同等单位的磷能够生产累积更多的干物质。因此，根据花生生长状况，适量适期供给磷素，特别是保障花生中后期磷素营养，对花生荚果产量形成十分重要。

### 5. 花生对磷的吸收机制

磷进入花生植株的方式、途径影响着其生长发育和产量形成。因而，明确花生对磷的吸收方式，对优化磷资源配置、提高磷利用效率、维持磷需求–供给平衡等方面将起到重要作用。总的来看，花生对磷的吸收可通过3种途径（器官）：根系、叶片和荚果。其中，根系吸收是大田花生养分的主要来源。土壤中无机磷养分（$H_2PO_4^-$和$HPO_4^{2-}$）主要以扩散形式到达根系表面，进而被根表皮细胞质膜上的磷转运蛋白获取和转运到花生植株内，参与各种含磷化合物的合成。土壤缺磷时，花生可以分泌酸性磷酸酶等物质活化土壤中难溶性磷，满足自身生长需求。在此过程中，土壤磷素的供给强度反过来显著影响着花生根系形态：土壤磷含量较高时，花生根系粗壮，根体积、表面积变大，吸收其他养分的能力也较强；而磷匮乏的土壤，根系为了获得磷素而变得细长。除了根系吸收，花生还具有根外营养的功能。花生叶片吸收磷素主要通过叶面气孔和亲水小孔完成，或是通过胞间连丝进行主动吸收。由此，田间喷施可溶性磷肥，能够促进花生叶片吸收大量的磷，从而满足其生长需求。叶面养分吸收还受到多方面因素的影响，如养分喷施浓度、环境温度、湿度、光照等。在生产实践中，一些花生的根系发达，而另一些花生叶面积大，这就要求供给磷素的措施应随之变化。前者适合土壤施磷措施，而后者叶面喷施磷肥将是重要的补磷途径。另外，花生的荚果也具有吸收养分功能。前期研究通过$^{15}N$同位素标记技术已证明了花生荚果对氮素的吸收能力。花生荚果对于磷素的吸收已有推论，但是花生荚果的吸磷时期及吸收量还有待于更深入研究。花生营养器官（根系、叶片）和生殖器官（荚果）都具有吸收磷素的功能，这为花生磷素营养提供了比地上结实作物更多养分来源。

### 6. 磷肥对花生的作用

磷是作物生长发育所需的重要的大量营养素之一，以多种形式参与作物体内各种生理生化过程，包括光合作用、碳水化合物合成运输、氮代谢、脂肪合成等。花生作为一种喜磷作物，对磷素的吸收特点是吸收量较少，但很敏感。磷素常以磷酸态被花生吸收并参与有机磷化合物的合成。主要以磷脂、核蛋白等有机状态存在于花生籽仁中，也以无机状态存在于茎叶等器官中，参与植物体的碳、氮代谢过程，对蛋白质的形成和脂肪转化起着重要作用。磷能促进种子萌发，以及根和根瘤的发育，还能增强幼苗的耐低温和抗旱能力，并能促使多开花、多结果和提高饱果率。磷素在荚果中含量最多，约占全株总磷量的62%~79%。缺磷时，碳水化合物的合成与分解受到抑制，氮素代谢失调，蛋白质合成遭到破坏，植株生长不良，叶片呈蓝绿色向上卷曲，晚熟低产。

亩产100 kg花生荚果，植株需磷量为0.6~1.3 kg。磷是花生植株生长和发育所必需的养分之一，对根系生长、开花、结荚和籽粒形成等过程起着重要作用。一般而言，正常施用磷肥能促进花生生长发育，提高花生产量和品质状况，而磷肥过量施用不仅不能增加产量，还抑制花生的生长发育，造成肥料利用率低，养分流失严重，生态环境恶化。

## 三、花生氮磷利用总体情况与发展形势

### 1. 花生氮素利用效率现状

我国经历了从不施氮肥到施氮肥再到施氮过量的过程，部分地区呈现污染、土质退化状态。20世纪80年代，孙彦浩等提出花生千斤高产施肥指标为氮减半、磷加倍、钾全量。山东省花生大面积亩产500 kg（折合单产7 500 $kg/hm^2$）以上，每收100 kg荚果需施

氮素 3 kg、磷素 2 kg、钾素 3 kg，基本比例为 N：P：K=3：2：3。20 世纪 90 年代初，张思苏等提出 N：P：K=1：1.5：2，试验表明该比例对花生具有更好的增产、提质作用。虽然有花生田氮减半的提法，施氮量也要 150 kg/hm$^2$ 以上，但这种施肥量并没有被种植户广泛接受。过多施用氮肥严重抑制了根瘤菌的固氮作用，并给环境带来巨大压力。特别是花生主产区，“以肥促产”现象尤为突出。

此外，不同花生品种以及基因型之间对氮素的利用也存在差异，郑永美等检测了 20 个不同基因型品种（系）植株氮素来源的差异发现：不同品种类型中，珍珠豆型的土壤供氮率最高，为 63.5%；不同基因型中，晋安花生土壤供氮率最高（73.7%），PI259747 最低（52.3%）；不同品种类型中，珍珠豆型的肥料供氮率最高，为 13.4%；不同基因型中，蓬莱小粒皮红最高（15.9%），PI259747 最低（11.4%）；不同品种类型中，多粒型的根瘤供氮率最高，为 29.3%；不同基因型中，3-XC135 根瘤供氮率最高（37.4%），3-XC128 最低（13.2%）。不同品种及基因型间氮素利用的差异说明，生产中需结合品种特性针对性施加氮肥，以提高氮素利用率。

**2. 花生氮素高效利用技术**

按花生需肥规律供肥是实现花生增产节肥的重大突破，通常栽培上把花生生育期分为 4 个时期：幼苗期、开花下针期、结荚期和饱果期。早期关于花生各时期氮吸收规律研究表明，花生幼苗期对氮肥的吸收较低，在开花下针期和结荚期由于荚果发育需要较多的光合产物，单纯依赖固氮难以满足花生对氮的需求，此时对氮肥的需求量较大，但在饱果期明显下降。根据花生需肥规律调整氮肥施用，是提高氮肥利用率的措施之一。

合理施用氮肥，可充分发挥根瘤的供氮能力。适量施用氮肥可以促进花生的营养生长，但过量施用氮肥会导致营养生长和生殖生长失调，限制根瘤菌的固氮作用，降低氮素利用率，产量反而下降。总之，要根据土壤肥力水平，确定适宜的氮肥用量，考虑花生生育的实际状况，以获得较高的经济效益。

### 3. 花生氮高效利用发展趋势

花生对氮素的高效利用归根结底来自花生对氮素的直接和间接吸收，选用根瘤固氮能力较强或氮高效的品种是花生氮高效利用的有效措施。试验表明，目前推广的品种中，潍花 8 号、丰花 1 号等根瘤固氮能力较强，花育 22 号、鲁花 14 号等固氮效率较高。

掌握农田氮素肥力也是提高氮素利用的前提，通过计算机决策系统计算得出或通过历年产量水平和地力水平测算出合适的施氮量，可以避免氮肥的低效利用。此外，合理施用根瘤菌剂可以提高根瘤菌的固氮能力，目前试验表明，虽然人工施用根瘤菌剂的增产效果不够稳定，但其可以部分替代化肥，减少氮肥用量。一般情况下，施用根瘤菌剂的田块，氮肥施用量可减少 10%左右。适时化控，控制植株总生物产量和干物质分配在一个合理范围内，可减少植株总氮素的积累量，而荚果产量不受影响或略有提高，这也是高效施氮的有效途径之一。

### 4. 花生磷利用效率现状

花生田磷素的高效利用需紧紧围绕花生–肥料–土壤系统开展研究，不同品种花生对磷的吸收利用有显著的差异，选育磷高效品种对花生田磷素管理非常重要。在同等供磷量时，不同花生品种的生物量及吸磷量存在明显的差异；此外，吸收等量磷下不同品种花生的干物质累积量也不尽相同，由此，不同施磷条件和土壤磷含量下不同品种对磷的吸收效率存在显著的差异，这也为未来磷高效利用花生品种的选育指明了方向。

此外，花生对磷的需求与土壤肥料的供磷强度、供磷时间以及容量之间存在着不同步性和不协调性，这就要求对花生田进行合理的施用磷肥措施。研究表明，磷肥施用量不是越多越好，一般要根据大田状况和目标产量进行，低产、中产和高产花生田的磷肥施用量要相应增加，但达到农学阈值（临界点）后，磷肥的施用量将不再与产量呈显著正相关。由于花生叶片可以吸收磷，叶面喷施速效性磷肥也是一项非常重要的措施。可见，花生田合理施用磷肥特别需要注意肥料的自身特性及其环境效应，开发长效、高效化磷肥，建立与之配套的花生田施肥技术体系，是磷肥合理施用的重要目标。

土壤本身是一个巨大的磷库，花生田大量的磷素以当季难利用态存在于土壤中。自 20 世纪 90 年代以来，特别是长期、连续的施肥已使土壤总磷量和潜在有效磷量提升较多。今后研究中需要结合土壤中各种物理、化学、生物学过程，探究促进这些潜在有效磷释放的机理，尤其是不同类型花生田微生物活化磷的机制和效果。在机理探索同时，建立与之相适应的花生田间管理技术体系，促进潜在有效磷的活化，使之成为花生当季能够利用的有效磷，减少外源磷的投入和随之而来的环境问题。

### 5. 花生磷利用技术

目前主要的磷肥优化措施包括分次施肥、分层施肥、施用控释肥、水肥耦合、叶面施用磷肥等。根据花生生育中期需肥量较大、生育后期营养供给不足等，分次施用并适当后移是针对花生不同生育期进行磷素营养补充的有效措施，可使花生增产并提高肥料利用率。利用分层施肥可增加花生叶面积指数（LAI）、提高叶绿素含量、促进植株干物质积累，显著增加荚果产量，增产幅度可达 11.8%~23.1%。

高效花生品种的选育是磷管理的重要手段之一。不同环境条件下，花生品种的选育要根据实际情况进行确定，可按照以下 3 方面原则进行：①磷亏缺条件下，能够通过根系形态学变化、株型变化等增加磷吸收的花生品种，即耐磷亏缺型；②同等供磷量下，磷吸收量大、利用率较高的花生品种，即磷高效利用型；③生产单位荚果需要磷较少的品种，或每吸收单位磷生产合成荚果较多的品种，即磷高效转化型。

磷肥的种类、施用量、施肥时期和平衡施肥是建立磷肥合理施用技术的基础。利用同位素（$^{32}P$、$^{33}P$）技术，深入比较化学磷肥、有机肥、有机肥与化肥配施比例等对土壤性质变化的影响，以便从机理上揭示肥料种类对花生生长和磷肥利用率的作用。利用方程模型等确定花生产量与磷肥施用量的关系，将对明确磷肥的适宜施用量非常重要。根据不同生育时期花生对磷的吸收量和敏感度，确定不同土壤条件下适宜的供磷时期也非常必要。对于花生中后期需磷量大的情况，可进一步研制花生专用控释肥料，明确缓控释磷肥在花生田的作用效果，这也将是花生田磷肥合理施用的重要途径。在花生荚果对磷吸收利用方面，还需要开发新型技术或装置，以区分根系和荚果对磷的吸收，探究荚果对土壤磷的吸收能力大小，以便构建合理的土壤施磷深度和区域。

# 第二章　花生氮磷养分利用计量学分析与热点研究问题

近些年，我国花生的种植面积及产量呈现出逐年增长的趋势，种植面积和产量由 2014 年的 460.39 万 $hm^2$、1 648.2万 t 增长到 2022 年的 480 万 $hm^2$、1 830万 t（周曙东等，2017；任春玲，2023）。施肥是提高种植面积、产量的主要因素，传统的大量施肥方式会导致土壤肥力下降以及环境污染等问题。为了解决这一系列问题，需要工作人员对土壤、环境等外在条件进行监测，进而分析探讨出绿色、高效、合理的施肥方案。而在施肥过程中，氮和磷是花生生长必不可少的元素，因此在减施化肥中要保证足够的氮磷量。氮素的供应不但对植物的氮代谢有直接的作用，也对花生的形态、器官发生有重要的调控作用，进而对花生的产量、品质产生重要的影响（司贤宗等，2016）。外源氮肥对花生生长的促进作用，主要体现在为花生提供氮素营养的同时，还提高了花生叶绿素合成、相关酶活性和光合作用的水平（万书波，2003；吴正锋，2014）。磷素在植物的光合作用、氮代谢和脂肪合成等方面发挥着重要的作用（Chowdhury et al.，2014；Shen et al.，2018）。磷肥对花生的发根和结根瘤有一定的促进作用。施用磷肥对提高作物产量、增强根瘤菌固氮能力具有重要意义（唐国昌，2009）。花生对氮磷的总体需求量很大，而且需氮量要大于需磷量，亩产 100kg 花生荚果，植株的需氮量为 5.0~5.5 kg，需磷量为 0.6~1.3 kg（沈浦，2020）。花生对氮磷的需求量随着生育时期变化而变化，所以如何能高效促进花生对氮磷吸收是促进植株生长的关键因素。通过对花生氮磷养分的吸收利用情况的探索，对目前存在的问题进行分析，并对今后的研究方向进行展望，可以为花生的高效、绿色、优质生产和产业的提质增效提供重要的基础。本章利用文献计量学方法（刘明信等，2020；史志华等，2020；张超等，2020；沈振锋等，2021），基于 CNKI 期刊数据库，对关于花生氮磷养分利用的文献数量、作者、出版刊物、发文机构及研究内容等方面展开了统计和分析，并运用 CiteSpaceⅥ 可视化软件，对研究热点进行了预测并进行了分析，从而对花生氮磷养分利用的研究现状进行了较为客观的展示，为相关研究人员能够及时了解到水肥一体化的研究情况提供了数据参考。

花生氮磷养分利用期刊论文文献数据来源为中国知网的中国学术期刊网络出版总库。检索式为“" " ”。检索日期为“年月日”。为了确保检测率和准确率，对检索结果进行筛选，排除无关文献的影响，一共检索出 871 篇与氮养分利用有关的文献、621 篇与磷养分利用有关的文献。本章采用引文网络分析工具 CiteSpace6，通过对文献基础数据的挖掘和可视化分析（张亚如等，2018），绘制出花生氮磷养分利用的知识图谱。时间段为 1956—2023 年，时间切割设定为 1 年，术语来源（Term Source）勾选成摘要（Abstract）、标题（Title）、关键字（ID）等，节点类型（Node Types）勾选为 Keyword（何荣利，1993）。展开关键词的共现分析之前，首先要对关键词进行聚类，通过采用 LLR 算法对研究前沿术语进行提取，最后再对聚类词进行 Timeline 分析（吴曼，2020）。

## 一、花生氮磷养分利用研究进程分析

如图 2-1 所示，中国知网的中文期刊关于花生氮养分利用的文章共有 871 篇，在 1956 年首次发表，此后发文量时涨时落。从 2005 年开始至 2011 年，这一阶段有关花生氮养分利用的发文量总体上呈不断上升趋势，在 2016 年有最多的发文量 63 篇，之后发文量较 2016 年发文量来说略有下降，并且发文量呈现出不稳定的趋向。

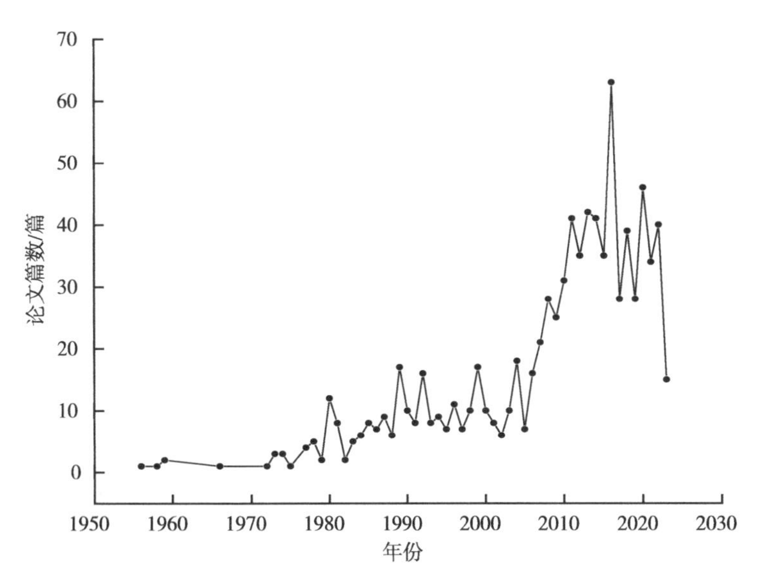


**图 2-1　1956—2023 年国内花生氮养分利用研究论文数量动态**

如图 2-2 所示，花生磷养分利用的中文期刊论文文献共 621 篇，最早的文章也是在 1956 年发表，随后发文量呈波动式上升，从 2005 年开始至 2008 年，这一阶段有关花生磷养分利用的发文量总体上呈不断上升趋势，在 2010 年有最多的发文量 31 篇，之后发文量同花生氮养分利用的趋势一样，呈现出不稳定的态势。

总体上，花生氮磷养分利用情况的研究在国内研究大约起步于 1956 年，随后不断升温。花生氮养分利用的文献数量与花生磷养分利用的文献数量相比较，有明显的差别，有关氮养分利用的文献较多，对磷养分利用的情况研究较少，但近些年有关磷养分利用的文献在数量上也有一定的上升。发文量的增加说明随着时代的发展，花生氮磷养分利用的研究对农业生产有一定的应用价值，人们对花生氮磷养分利用的相关研究也越来越重视。

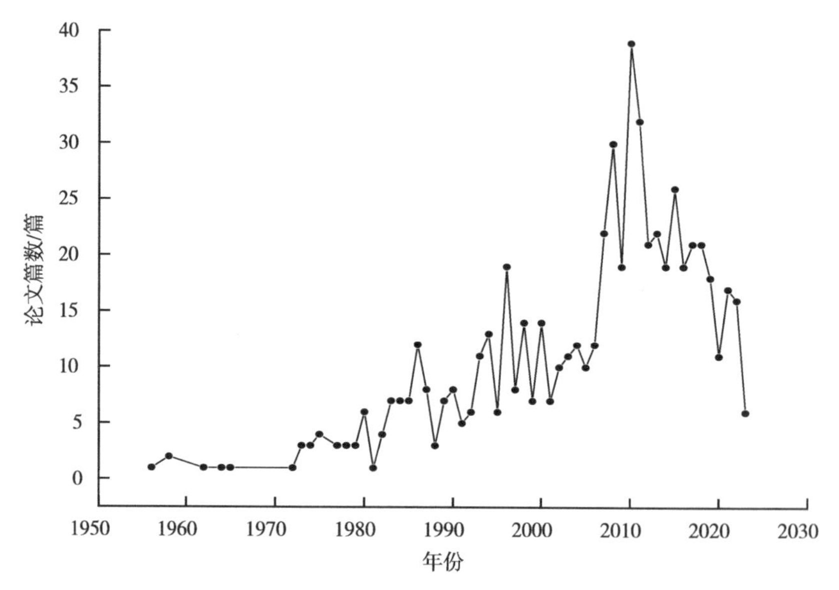


**图 2-2　1956—2023 年国内花生磷养分利用研究论文数量动态**

## 二、花生氮磷养分利用研究期刊、机构及作者分布

### 1. 花生氮磷养分利用研究期刊分布

在 CNKI 数据库中，有关花生氮养分利用的文章一共来自 286 种学术期刊，在这些期刊中，载文量超过 1 篇的期刊共有 122 种，共发表文章 715 篇相关文献，占总文章的 82.1%。发文量排名前 20 的期刊见表 2-1，排名前 3 的期刊是：《花生科技》（58 篇）、《花生学报》（46 篇）和《中国油料作物学报》（32 篇）。通过对这些期刊的比较可以看出，关于花生氮养分利用方面研究的期刊论文主要是在以研究花生为主的农业类期刊上发表的，油料作物、植物营养、肥料、土壤等相关农业类或农林类的专业学术期刊也有关

于氮养分利用的报道。

**表 2-1　CNKI 数据库花生氮养分利用研究载文量前 20 位的期刊**

单位：篇

| 编号 | 期刊名称 | 载文量 | 编号 | 期刊名称 | 载文量 |
|---|---|---|---|---|---|
| 1 | 花生科技 | 58 | 11 | 中国农业科学 | 11 |
| 2 | 花生学报 | 46 | 12 | 水土保持学报 | 10 |
| 3 | 中国油料作物学报 | 32 | 13 | 现代农业科技 | 10 |
| 4 | 山东农业科学 | 26 | 14 | 中国土壤与肥料 | 10 |
| 5 | 植物营养与肥料学报 | 24 | 15 | 中国油料 | 10 |
| 6 | 农业科技通讯 | 20 | 16 | 福建农业科技 | 9 |
| 7 | 中国农学通报 | 18 | 17 | 福建农业学报 | 9 |
| 8 | 现代农村科技 | 13 | 18 | 华北农学报 | 9 |
| 9 | 作物学报 | 13 | 19 | 江苏农业科学 | 9 |
| 10 | 安徽农业科学 | 12 | 20 | 土壤通报 | 9 |

在 CNKI 资料库中，共有 241 种学术期刊记载过有关磷养分利用的期刊论文，在这些期刊中，载文量超过 1 篇的期刊共有 95 种，发表了 477 篇相关文献，占总文数的 76.8%。发表论文数量排名前 20 的学术期刊见表 2-2，发表论文数量排名前 3 的学术期刊是：《花生科技》（44 篇）、《农业科技通讯》（19 篇）和《山东农业科学》（19 篇）。花生磷养分利用研究载文量前 20 位的期刊，大多数也在花生氮养分利用研究前 20 位期刊中，对比研究说明，这些期刊在花生农学领域有一定的影响力，花生磷养分利用方面研究的期刊论文主要发表在农业类或农林类的专业学术期刊。

**表 2-2　CNKI 数据库花生磷养分利用研究载文量前 20 位的期刊**

单位：篇

| 编号 | 期刊名称 | 载文量 | 编号 | 期刊名称 | 载文量 |
|---|---|---|---|---|---|
| 1 | 花生科技 | 44 | 11 | 农药 | 10 |
| 2 | 农业科技通讯 | 19 | 12 | 中国油料 | 10 |
| 3 | 山东农业科学 | 19 | 13 | 华北农学报 | 9 |
| 4 | 河南农业 | 16 | 14 | 土壤通报 | 9 |
| 5 | 花生学报 | 16 | 15 | 中国农学通报 | 9 |
| 6 | 土壤 | 13 | 16 | 核农学报 | 8 |
| 7 | 现代农村科技 | 12 | 17 | 福建农业科技 | 7 |
| 8 | 中国油料作物学报 | 12 | 18 | 应用生态学报 | 7 |
| 9 | 现代农业科技 | 11 | 19 | 植物营养与肥料学报 | 7 |
| 10 | 安徽农业科学 | 10 | 20 | 广东农业科学 | 6 |

### 2. 花生氮磷养分利用研究的发文机构分布

CNKI 数据库结果显示，国内花生氮和磷养分利用研究发表 2 篇及以上期刊论文的研究机构分别有 92 个和 61 个，包括高校、科研院所、农业设计院及农技公司等。花生氮、磷养分利用研究领域国内发文量前 10 位的科研机构如表 2-3、表 2-4 所示，其中花生氮养分利用研究领域中最多的为山东省花生研究所、青岛农业大学和山东农业大学，分别发文 70 篇、34 篇和 24 篇；花生磷养分利用研究领域中最多的为山东省花生研究所、南京农业大学和青岛农业大学等，分别发文 54 篇、13 篇和 12 篇。山东省花生研究所及农科类高校在花生氮养分利用领域占据主要阵地，其他科研院所多分布于中国农业和科研实力较强的省份，例如山东、辽宁、江苏、河南等。由于其自身的专业优势，农林科研院所在花生氮磷养分利用的研究上十分活跃，在国内这一领域的论文发表也是首屈一指的。

**表 2-3　花生氮养分利用研究领域国内发文量前 10 位的科研机构**

单位：篇

| 编号 | 机构 | 发文量 |
|---|---|---|
| 1 | 山东省花生研究所 | 70 |
| 2 | 青岛农业大学 | 34 |
| 3 | 山东农业大学 | 24 |
| 4 | 沈阳农业大学 | 20 |
| 5 | 南京农业大学 | 18 |
| 6 | 河南省农业科学院植物营养与资源环境研究所 | 15 |
| 7 | 花生科技 | 14 |
| 8 | 华南农业大学 | 10 |
| 9 | 中国农业大学 | 9 |
| 10 | 中国科学院南京土壤研究所 | 9 |

**表 2-4　花生磷养分利用研究领域国内发文量前 10 位的科研机构**

单位：篇

| 编号 | 机构 | 发文量 |
|---|---|---|
| 1 | 山东省花生研究所 | 54 |
| 2 | 南京农业大学 | 13 |
| 3 | 青岛农业大学 | 12 |
| 4 | 河南省农业科学院植物营养与资源环境研究所 | 11 |
| 5 | 山东农业大学 | 10 |
| 6 | 中国科学院南京土壤研究所 | 7 |
| 7 | 河南科技大学 | 7 |
| 8 | 中国农业大学 | 7 |
| 9 | 广东省农业科学院土壤肥料研究所 | 6 |
| 10 | 中国农业科学院土壤肥料研究所 | 5 |

### 3. 花生氮磷养分利用研究的作者分析

通常是在花生氮磷养分利用领域的核心作者群体中能够找到该领域的中坚力量，因为这些人往往能够推动学术创新，提升学术影响力（刘彬等，2015）。通过对CNKI数据库中检索出的花生氮磷营养素利用期刊论文进行分析，发现在花生氮养分利用中，第一作者有664名学者，发表1篇文献的作者有559人，占第一作者总人数的84.2%；在花生磷养分利用中，有518名第一作者，其中466名学者发表过一篇论文，占第一作者总人数的90.0%。不管是在对花生氮素养分利用的研究中还是在磷养分利用研究中，发表1篇文章的作者占第一作者的总人数的比例都超过了洛特卡定律中的“发表1篇论文的作者为作者总数的60%”的比例（邱均平，2000）。这说明我国花生氮磷养分利用领域的科研人员还没有形成一个长期稳定的研究群体。

依据普赖斯法则，进行检索，得到了花生氮养分利用期刊论文样本中的最高产第一作者的文章数量为8篇，将$N_{max}=8$代入到普赖斯公式$M=0.749\sqrt{N_{max}}$（式中，$N_{max}$为最高产作者的论文篇数；$M$为核心作者发文量下限。），通过计算可以得到$M=2.1$；在花生磷养分利用期刊论文样本中，最高产第一作者论文篇数为7篇，代入普赖斯公式，得到$M=2.0$，高水平期刊论文发文量>1篇，在这种情况下，这些学者被看作是核心作者，意味着高产、活跃的作者（刘婧，2004）。在CNKI数据库中，在花生氮养分利用的高水平期刊上，有105名文章发文量在2篇及以上的作者，共发表了282篇文章，占花生氮养分利用相关文章总数的32.4%；在花生磷养分利用的高水平期刊上，有52名学者的发文量达到2篇及以上，他们共发文132篇，占花生磷养分利用相关论文总数的21.3%，与普赖斯提出的“核心作者的文章数量应该占全部文章的50%”相比，还存在着一定的差距。这表明，国内花生氮磷养分利用研究的核心作者群体尚未建立、形成稳定的核心作者群体，且核心作者人数较少。国内花生氮磷养分利用研究的发文量与其在学术界的影响力仍存在一定差距，需进一步提高其发文质量及业界影响力。花生氮、磷养分利用期刊论文样本发文量前10位的学者，如表2-5、表2-6所示。

**表2-5　CNKI数据库中花生氮养分利用研究领域发文量前10位的学者**

单位：篇

| 编号 | 学者 | 机构 | 发文量 |
|---|---|---|---|
| 1 | 司贤宗 | 河南省农业科学院植物营养与资源环境研究所 | 8 |
| 2 | 张思苏 | 山东省农业科学院花生研究所 | 8 |
| 3 | 刘忠琛 | 山东省胶州市畜牧局 | 7 |
| 4 | 孙虎 | 潍坊科技学院 | 7 |
| 5 | 丁红 | 山东省农业科学院花生研究所 | 6 |
| 6 | 王建国 | 山东省农业科学院花生研究所 | 6 |
| 7 | 张翔 | 河南省农业科学院植物营养与资源环境研究所 | 6 |
| 8 | 张智猛 | 山东省农业科学院花生研究所 | 6 |
| 9 | 王才斌 | 山东省农业科学院花生研究所 | 5 |
| 10 | 郑永美 | 山东省农业科学院花生研究所 | 5 |

**表2-6　CNKI数据库中花生磷养分利用研究领域发文量前10位的学者**

单位：篇

| 编号 | 学者 | 机构 | 发文量 |
|---|---|---|---|
| 1 | 索炎炎 | 河南省农业科学院植物营养与资源环境研究所 | 7 |
| 2 | 焦念元 | 河南科技大学 | 5 |
| 3 | 宋协松 | 山东省农业科学院花生研究所 | 5 |

（续表）

| 编号 | 学者 | 机构 | 发文量 |
|---|---|---|---|
| 4 | 孙严浩 | 山东省农业科学院花生研究所 | 5 |
| 5 | 丛涛 | 解放军总医院 | 4 |
| 6 | 王在序 | 山东省农业科学院花生研究所 | 4 |
| 7 | 于天一 | 山东省农业科学院花生研究所 | 4 |
| 8 | 郑亚萍 | 山东省农业科学院花生研究所 | 4 |
| 9 | 曹栋 | 江南大学食品学院 | 3 |
| 10 | 韩猛 | 青岛农业大学农学与植物保护学院 | 3 |

## 三、花生氮磷养分利用研究重点和热点

### 1. 关键词词频

词频分析是指通过对在某一研究领域文献中词汇出现的次数进行统计，并比较频次高低，从而分析该领域研究热点和发展趋势的文献计量方法（傅柱等，2016）。期刊论文的关键词可以凝聚其所要表达的核心主题和主要内容，所以本文以期刊文章的关键词为依据来分析这一研究领域中的研究焦点以及热点演变等，获得 CNKI 数据库中花生氮养分利用前 20 位高频关键词如表 2-7 所示。通常认为，高频次、中心性强的关键词是研究的热点（Berbee et al., 1999）。花生氮养分利用研究的内容较为丰富，主要集中在花生品质产量、氮素利用及农艺性状等方面。国内水肥一体研究关注重点和热点是：花生（928）、产量（321）、氮素（149）、氮素利用（145）等。新兴的研究热点有：土壤养分（2013 年）、膜下滴灌（2016 年）。

**表 2-7　CNKI 数据库中花生氮养分利用期刊论文前 20 位关键词**

| 编号 | 关键词 | 频次 | 中心性 | 初现年份 | 编号 | 关键词 | 频次 | 中心性 | 初现年份 |
|---|---|---|---|---|---|---|---|---|---|
| 1 | 花生 | 928 | 0.72 | 1956 | 11 | 氮、磷、钾 | 21 | 0.07 | 1985 |
| 2 | 产量 | 321 | 0.25 | 1956 | 12 | 施肥量 | 18 | 0.01 | 1959 |
| 3 | 氮素 | 149 | 0 | 1956 | 13 | 间作 | 18 | 0.02 | 2003 |
| 4 | 氮素利用 | 145 | 0.04 | 1956 | 14 | 氮磷钾 | 16 | 0.09 | 1989 |
| 5 | 钙肥 | 142 | 0.02 | 1956 | 15 | 生长发育 | 15 | 0.02 | 1986 |
| 6 | 氮肥 | 43 | 0.07 | 1989 | 16 | 增产效果 | 11 | 0 | 1984 |
| 7 | 品质 | 40 | 0.01 | 1999 | 17 | 根瘤 | 10 | 0 | 1990 |
| 8 | 施氮量 | 26 | 0.09 | 1990 | 18 | 无氮浸出物 | 10 | 0 | 1997 |
| 9 | 农艺性状 | 24 | 0.07 | 1998 | 19 | 土壤养分 | 9 | 0 | 2013 |
| 10 | 根瘤菌 | 24 | 0.14 | 1980 | 20 | 膜下滴灌 | 8 | 0 | 2016 |

CNKI 数据库中花生磷养分利用前 20 位高频关键词如表 2-8 所示。花生磷养分利用研究的内容主要集中在花生蛴螬、磷肥、高效栽培技术及产量品质等方面。国内花生磷养分利用研究关注重点和热点是：花生（313）、甲基异柳磷（56）、产量（32）等。新兴的研究焦点有：花生壳（2015 年）、生物炭（2021 年）。

**表 2-8　CNKI 数据库中花生磷养分利用期刊论文前 20 位关键词**

| 编号 | 关键词 | 频次 | 中心性 | 初现年份 | 编号 | 关键词 | 频次 | 中心性 | 初现年份 |
|---|---|---|---|---|---|---|---|---|---|
| 1 | 花生 | 313 | 0.77 | 1956 | 7 | 磷石膏 | 11 | 0.03 | 1993 |
| 2 | 甲基异柳磷 | 56 | 0.19 | 1984 | 8 | 花生四烯酸 | 7 | 0 | 2000 |
| 3 | 产量 | 32 | 0 | 2007 | 9 | 结荚期 | 7 | 0.05 | 2011 |
| 4 | 氮、磷、钾 | 20 | 0.14 | 1985 | 10 | 五氧化二磷 | 7 | 0.03 | 1999 |
| 5 | 增产效果 | 16 | 0.08 | 1973 | 11 | 高产栽培技术 | 6 | 0.04 | 2003 |
| 6 | 蛴螬 | 12 | 0.03 | 2005 | 12 | 磷肥 | 6 | 0 | 2004 |

（续表）

| 编号 | 关键词 | 频次 | 中心性 | 初现年份 | 编号 | 关键词 | 频次 | 中心性 | 初现年份 |
|---|---|---|---|---|---|---|---|---|---|
| 13 | 花生壳 | 5 | 0 | 2015 | 17 | 磷素营养 | 4 | 0 | 1973 |
| 14 | 防效 | 4 | 0.03 | 2010 | 18 | 磷素有效性 | 4 | 0 | 2003 |
| 15 | 间作 | 4 | 0 | 2010 | 19 | 生物炭 | 4 | 0 | 2021 |
| 16 | 花生蛴螬 | 4 | 0 | 2006 | 20 | 氮、磷、钾肥 | 4 | 0.02 | 2010 |

从花生氮磷养分利用研究热点中可以发现，我国对花生养分利用的研究在不断创新。从肥料角度，无论是氮肥还是磷肥，人们都没有局限于施用常规氮磷肥，而是在不断发现新型肥料。对于栽培技术，人们也在不断开发高效的栽培技术，以期能有一定的增产效果，能够实现对花生的产量及品质的上升。

### 2. 关键词共现聚类分析

共现分析法指的是将一对词汇在同一文献中出现的数量进行两两统计，并以此来衡量二者之间亲疏程度的一种方法，从而更好地理解领域研究的进展，从而揭示研究的结构（冯璐等，2006）。作为共现网络中聚类方法的一个具体应用，共现网络聚类分析以共现强度为基本计量单位，对特定的关键词共现集合进行分类聚合的定量处理技术。通过该方法，可以把有密切关系的节点分成不同的节点子群，并根据有关的网络指标，对子群与子群之间的距离进行量化计算，距离大小体现了联系程度，进而可以得到研究领域内的共现网络聚类图，并在此基础上获取共现网络内的相关信息。本章利用 CiteSpace 对花生氮磷养分利用文献的关键词共现网络进行聚类，并生成可视化视图。

关键词共现网络聚类图中，节点是关键词，当节点之间有连线时，其代表的是相同的文献中的关键词。聚类标签算法是从标题、关键词、摘要中抽取得到的。每个色块代表一个聚类，聚类编号与聚类大小成反比，最大的聚类用#0 表示，其他以此类推。网络的模块化是对其整体结构的一种全局性的度量，而模块值（$Q$值）和平均轮廓值（$S$ 值）是两个用于评价整体网络的结构性能的重要指标（胡佳卉等，2017）。$Q>0.3$ 表明聚类结构是显著的，当 $S>0.5$ 时，聚类的合理性得到了广泛的认同，当 $S>0.7$ 时，聚类的可信度更高（陈悦等，2015）。如图 2-3 所示，由于花生氮养分利用的关键词共现网络交错程度深且复杂，在经过聚类之后，$Q$ 值达到 0.515 5，说明聚类结构是明显的，共现网络的 8 个类之间相互重叠，说明类别之间关系密切，很难直接看到更多的具体信息。因此，将每一类所对应的文本信息进行剖析，统计总结关键词共现网络聚类图中的每个聚类类别的基本情况，并制作成表格进行汇总，如表 2-9 所示，可以反映出不同阶段的研究重点和热点。

**图 2-3　CNKI 数据库中花生氮养分利用研究文献关键词聚类图**

**表 2-9 CNKI 数据库中花生氮养分利用全部期刊论文关键词聚类分析汇总**

| 聚类编号 | 聚类标签 | 聚类成员数目 | 主要年份 | 聚类集群同质性 | 研究重点 |
|---|---|---|---|---|---|
| 0 | 花生 | 36 | 2005 | 0.647 | 花生，产量，膜下滴灌，根瘤，干旱胁迫 |
| 1 | 氮、磷、钾 | 28 | 1994 | 0.77 | 氮，磷，钾，氮素化肥，根瘤固氮，根瘤菌，土壤供氮 |
| 2 | 氮代谢酶 | 22 | 2004 | 0.728 | 氮代谢酶，氮肥，氮素利用，产量，钙肥 |
| 3 | 间作 | 19 | 2011 | 0.856 | 间作，细菌，群落结构，根际土壤，施氮 |
| 4 | 品种 | 14 | 2016 | 0.794 | 品种，干物质积累，施氮量，利用，养分需求 |
| 6 | 生物炭 | 7 | 2019 | 0.907 | 生物炭，硝态氮，改性，积累，铵态氮 |
| 8 | 氮素代谢 | 4 | 2008 | 0.986 | 氮素代谢，硝酸还原酶，谷氨酰胺合成酶，谷氨酸脱氢酶，氮素水平 |
| 11 | 最佳施肥量 | 3 | 1994 | 0.955 | 最佳施肥量，氮、磷、钾肥，研究初报，施肥效应，死苗原因 |

如图 2-4 所示，花生磷养分利用的关键词在经过聚类之后，$Q=0.689\ 2>0.3$，显示结果的可信性，共现网络中的花生、植物促生菌、增产效果 3 个类之间相互重叠，较难直接看到更多的具体信息。其中，能够清晰地看到#1、#2、#5、#7 4 个类之间没有重叠，聚类集群同质性较高。将每一类所对应的文本信息进行剖析，统计总结关键词共现网络聚类图中的每个聚类类别的基本情况，并制作成表格进行汇总，如表 2-10 所示，可以反映出不同阶段的研究重点和热点。

**图 2-4　CNKI 数据库中花生磷养分利用研究文献关键词聚类图**

**表 2-10　CNKI 数据库中花生磷养分利用全部期刊论文关键词聚类分析汇总**

| 聚类编号 | 聚类标签 | 聚类成员数 | 主要年份 | 聚类集群同质性 | 研究重点 |
|---|---|---|---|---|---|
| 0 | 花生 | 26 | 2012 | 0.975 | 花生、产量、间作、氮、磷、钾、膜下滴灌 |
| 1 | 氮、磷、钾 | 18 | 2007 | 0.91 | 氮、磷、钾、五氧化二磷、结荚期、根瘤固氮、花生 |
| 2 | 甲基异柳磷 | 12 | 2002 | 0.913 | 甲基异柳磷、发生与防治、发生规律、防治研究、地膜花生 |
| 3 | 增产效果 | 7 | 1984 | 0.892 | 增产效果、有效磷含量、磷素营养、增产率、磷石膏 |
| 5 | 控释肥 | 5 | 2011 | 0.979 | 控释肥、坡耕地、氮磷流失、花生产量、磷钾利用率 |

（续表）

| 聚类编号 | 聚类标签 | 聚类成员数 | 主要年份 | 聚类集群同质性 | 研究重点 |
|---|---|---|---|---|---|
| 7 | 蛴螬 | 4 | 2007 | 0.976 | 蛴螬、防效、花生蛴螬、防治效果、30%辛硫磷微囊悬浮剂 |
| 9 | 植物促生菌 | 4 | 2015 | 0.981 | 植物促生菌、解磷、促生、灰潮土、固氮 |

### 3. 时间线视图分析

时间线视图是将每一个聚类类别的文献按时间顺序从左到右排列的一种方法，它能直观反映各个研究热点在不同时期的演变情况。图2-5、图2-6为利用期刊论文样本关键词共现网络聚类结果的时间线视图，其中X轴代表引文出版年，Y轴代表聚类编号（李泽琪等，2022），每一个聚类都是由引文出版年和聚类编号共同组成的，在每个聚类中能够清楚地获得文献情况，并且这些数据也可以反映出该领域的研究热点，文献数量越多，说明所得到的聚类领域也就越重要（全林发等，2018）。从1956年开始，就出现了较早的关于花生氮磷养分利用的研究文献，由图2-5可以看出，通过分析从#0到#2聚类的数据数量可以看出，聚类数据相对较多，这表明这些聚类领域都是相对比较重要的，它们的时间跨度很大而且也比较密集。在该图中，节点年轮的颜色及厚度代表词节点的出现时间，而节点的尺寸则代表了词节点在此时间段出现的频率。具有颜色的节点被认为是引起许多学者关注并进行研究的关键转折点。如图2-5所示，在CNKI数据库中，关键词花生、氮素、产量、合理密植、氮素化肥、施氮量等词用灰色的圆圈标注，这些关键词的中介中心性大于0.1，通常是连接各个领域的重要节点（张超等，2020）。

如图2-6所示，在CNKI数据库中，花生磷养分利用的时间线

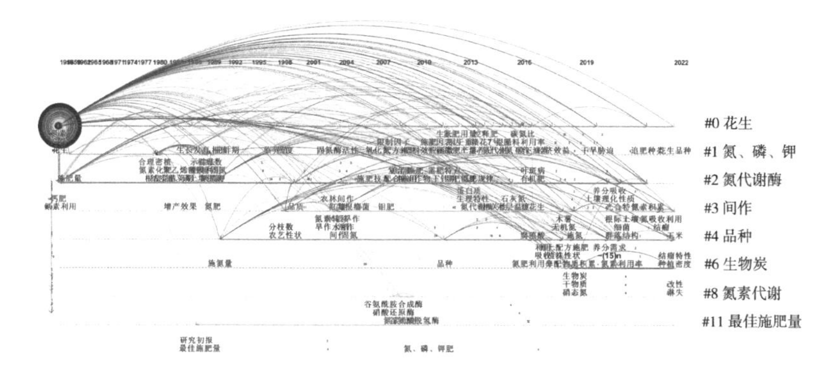


图 2-5　CNKI 数据库中花生氮养分利用研究文献时间线视图

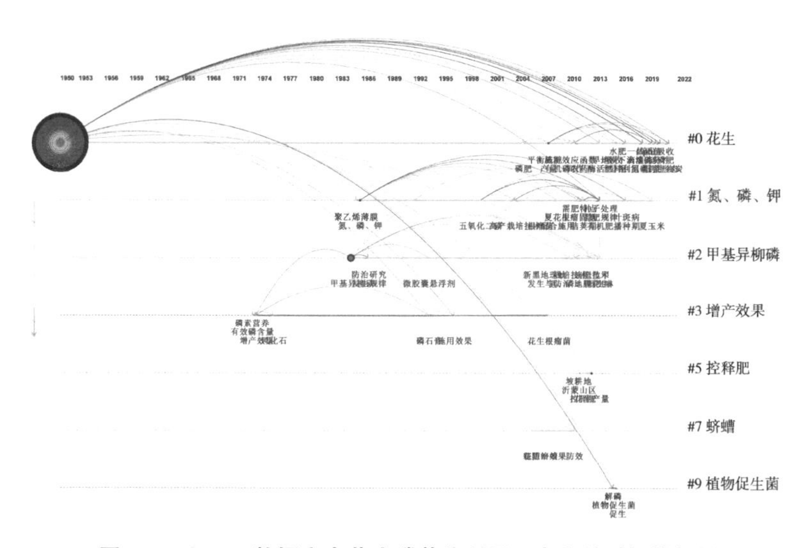


图 2-6　CNKI 数据库中花生磷养分利用研究文献时间线视图

视图的年份跨度虽然很大，但是关键词并不密集，主要是从 1983 年开始着重对花生磷养分利用的研究。关键词花生、甲基异柳磷等词的外围用粗黑圈标注，说明早期是从花生、甲基异柳磷方向开始研究，逐渐拓展到水肥一体、膜下滴灌、肥料利用率、增产效果等方面的研究。

从关键词共现聚类和时间线视图分析来看，我国对花生氮、磷的养分利用都有针对性的研究，比如氮养分利用中涉及氮代谢酶、氮素代谢等热点，磷养分利用中涉及甲基异柳磷、蛴螬和植物促生菌等热点，从这一方面来看，氮和磷的养分利用研究热点有所偏差。但是主要的研究热点都集中在花生、氮磷钾肥料和增产效果及产量品质等方面，可以说，这几组关键词基本概括了我国花生氮磷养分利用的主要研究方向及取得的成效，也反映了研究热点的发展和结构变化。

### 4. 讨论与结论

近年来，有关花生氮磷养分利用方面的研究成果已被广泛地报道，这些成果将有助于人们更好地了解并开展有关花生氮磷养分利用的研究。本章研究以 CNKI 为检索数据库，利用文献计量学观点及 CiteSpaceVI 分析软件，对我国花生氮磷养分利用的文献进行全面计量比较分析，结果表明，在数据库中，我国最早的关于花生的氮磷养分利用的文献是在 1956 年，在 2005 年至 2011 年附近花生氮磷养分利用相关文献呈现急剧上升趋势，近年来国内花生氮磷养分利用研究发文量呈波动式不稳定趋势，随着发文量的增加，学术界对花生氮磷养分利用的议题关注度也在日益提高。有关花生氮磷养分利用的研究成果多见于花生种植领域具有一定影响力的农业农林学等专业学术期刊。大部分发表论文的单位都是国内的高等院校和研究机构，而且大部分都是在山东、辽宁、江苏等农业和科技实力比较雄厚的省份，其中，山东省花生研究所和青岛农业大学占据主要地位。目前，国内关于花生氮磷养分利用的研究还没有形成一个稳定核心的作者群体，且核心作者数量偏低，论文发表的质量及行业影响也亟待提高。国内关于花生氮磷养分利用的研究主要以花生、氮磷钾肥料、增产效果、产量品质等为研究的热点及重点。另外，花生是一种喜磷植物，从花生磷养分利用角度进行研究，对花生产业的发展具有重要意义。通过分析发现，目前我国对花生磷养分利用的研究较少，从文献数量、时间线视图等角度可以看出，花生磷养分利用研究情况明显比氮养分利用情况差，但是随着近些年有关磷的文献逐渐增多，说明学术界对花生磷养分利用的研究也越来越重视。本章通过运用文献计量学方法，对花生氮磷养分利用的发展趋势进行了综述，并指出目前该领域发展的重点和难点。本章研究提供了较为系统的文献计量学分析，这为进一步进行花生氮磷养分利用的研究奠定了良好的基础。

# 第三章　花生氮磷营养吸收利用的生理与分子机制

氮和磷是花生生长发育的必需元素，在植物体内参与许多重要化合物的形成，对植物生长发育起着直接或间接的调节作用。氮素营养不仅直接影响植株氮代谢，而且还影响花生形态器官建成，最终影响花生产量和籽粒品质；磷素参与核酸、核苷酸、蛋白质的合成，还参与根系发育、根瘤固氮、酶活性调节、光合和呼吸作用等过程中能量的传递、储存及各种代谢过程（Hinsinger，2001）。一般而言，正常施用氮磷肥能促进花生生长发育，提高花生产量和品质状况，但氮磷肥过量施用不仅不能增加产量，还抑制花生的生长发育，造成肥料利用率低，养分流失严重，生态环境恶化（孙虎，2013）。因此，促进氮磷高效利用将对花生增产增效及绿色可持续发展有重要意义。

## 一、花生形态学变化对氮磷的响应特征

花生总体需氮磷量较高，花生氮磷元素缺乏与否可直观反映在其根、茎、叶、荚果等的形态变化上。植株形态特征的变化在一定程度上反映了花生生长健壮与否。土壤氮磷元素盈亏可直接影响地下部根系、荚果等的生长发育，同时也会影响地上部茎叶等的生长发育（王才斌等，2011；王月福等，2012）。

### 1. 根系形态对氮磷的响应

根系是作物获取水分和养分最直接的器官，良好的根系是作物

生长的基础。根系形态和分布直接受到外源氮磷元素的影响。高氮或低氮条件均对花生根系伸长生长、数量、形状等存在胁迫作用。Yang 等（2022）研究花生根系生长对氮肥的响应发现，与正常施氮相比，缺氮条件下花生根系变长、变粗，根体积也变大（图 3-1）。土壤磷素缺乏时，根系形态和结构也会发生变化，以适应缺磷土壤环境。根系形态的变化主要是因为根系需要向土壤下层延伸，通过增加侧根数量、根毛密度和根毛长度，扩大根系与土壤的接触面积，来提高对氮磷元素的吸收利用。

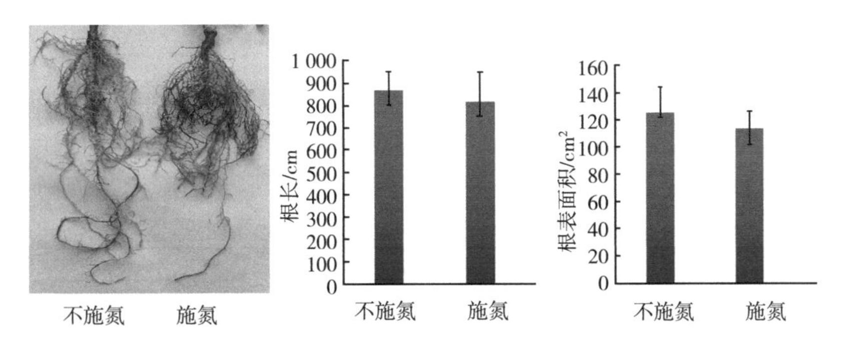


**图 3-1　施氮对花生根系形态的影响（Yang et al.，2022）**

根系构型变化对土壤环境产生应答反应，使得植株适应外界环境变化。除了根系长度、表面积、体积等形态特征变化可直接影响作物养分吸收和生长发育外，根生物量和根瘤发育也会受到影响（图 3-2）。这主要是因为在缺氮条件下，为满足自身氮素需求，花生根系一方面需要通过增强根长和表面积的方式来增强对土壤中氮素的吸收能力，另一方面则需要通过增加根瘤的方式增强植株自身从大气中固氮的能力（Yang et al.，2022）。

土壤缺磷状况下，根系发育受到明显影响，花生根系总长度均值、总表面均值、总容积均值和总根尖均值数较正常供磷水平下分别降低了 24.0%、28.2%、16.3%和 25.7%。进一步观察根尖横切

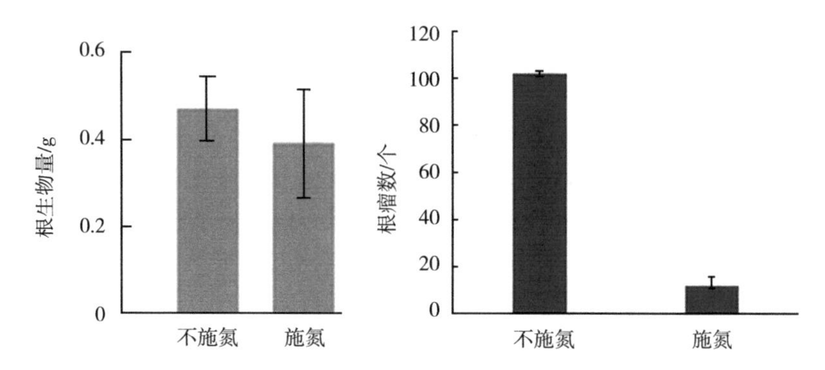


**图 3-2 施氮对花生根生物量、根瘤的影响（Yang et al., 2022）**

面发现，缺磷胁迫下木质化细胞壁呈红色，颜色较浅，细胞形态较薄，不规则；而正常情况下细胞结构明显，表皮细胞小，皮层面积宽，内部有维管柱，细胞壁深红色，细胞壁增厚，细胞形状规则（图 3-3），这主要是因为植株为了适应环境从而改变根系形态和结构，减少磷缺乏对植株根系产生的损害（Wu et al., 2022）。

### 2. 茎叶形态特征

花生茎叶是输送养分和水分、进行光合作用的主要器官，极易受到外界环境的影响，其中土壤养分环境的影响较为显著（图 3-4）。研究表明，一定氮磷施用量范围内，花生主茎高、侧枝长、分枝数均随施用量增加而增加（刘学良等，2019）。氮素缺乏时，花生植株侧枝长、主茎叶龄数较正常供氮水平下生长的花生植株分别降低 20%、30%（Liang et al., 2022），且不同品种表现不同。磷缺乏时，花生植株主根长、主茎高、侧枝长、分枝数和主茎叶数相比较于正常供磷水平分别减少 13.8%、17.6%、33.3%、30.5% 和 8.7%（Wu et al., 2022）。这表明氮磷缺乏会限制植物养分获取，导致植株营养元素向地上部输送受限，进而抑制了地上部茎叶生长发育。

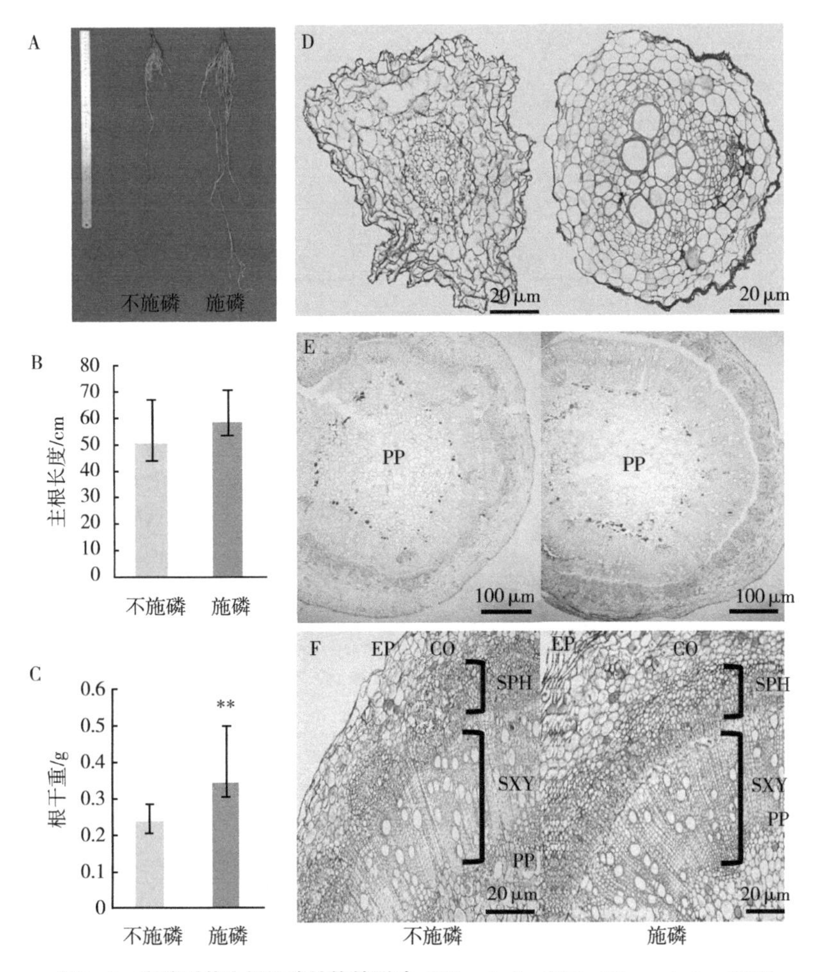


**图 3–3　施磷对花生根细胞结构的影响（Wu et al.，2022；Yang et al.，2022）**

注：图 A 为花生植株在不同磷水平下的生长表型差异；图 B 为不同施磷水平下主根长度的差异；图 C 为不同施磷水平下根干重差异；图 D 为不同磷水平下主根根尖组织化学切片，图 E 和图 F 分别为不同磷水平下主根基部的组织化学切片。PP，髓；SXY，次生木质部；SPH，次生韧皮部；CO，皮层；EP，表皮。** 为显著性水平 $P<0.01$。

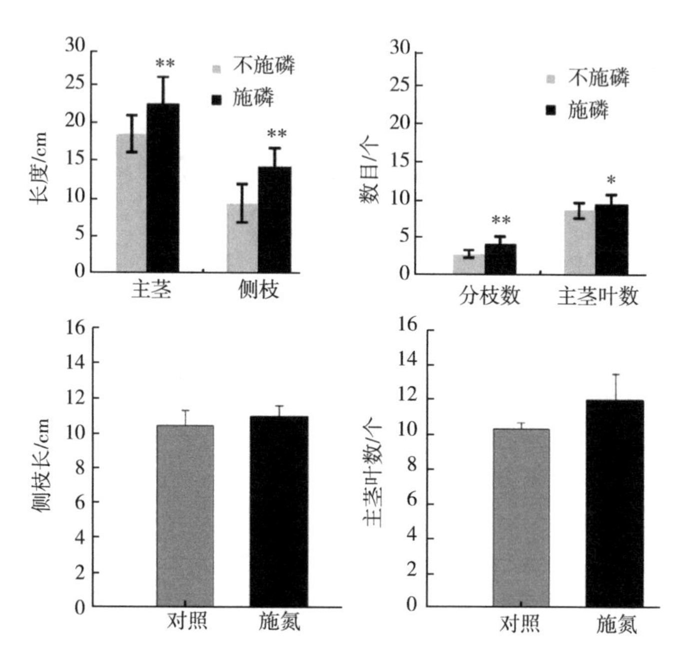


**图 3-4　氮磷对花生茎叶生长的影响（Wu et al.，2022；Liang et al.，2023）**

### 3. 干物质积累与分配

花生各器官物质积累量，在一定程度上反映了植株生长发育的好坏。外界生长环境好，生长发育就好，可制造更多的光合产物，增加植株干物质积累。而土壤缺乏氮磷元素会显著影响花生生长发育及干物质积累（图 3-5）。由图 3-6 可知，土壤氮磷含量越低，地上部生物量积累越少。缺磷条件下，花生植株根、茎、叶干重分别较正常供磷水平降低了 44.6%、41.9%、92%。而适量增施氮磷肥不但可以优化花生的各项农艺指标，还可以提高花生总生物量及产量。但氮磷肥过量亦会对植株生长及干物质积累产生不利影响，植株干物质积累及产量并不是随着施肥量的增加而持续增加，当土壤处于富氮、富磷状态时，不但阻碍植株生长发育，还会导致产量减少（刘学良等，2018）。

**图 3-5 土壤氮磷水平对花生植株体的影响**

**（Wu et al.，2022）**

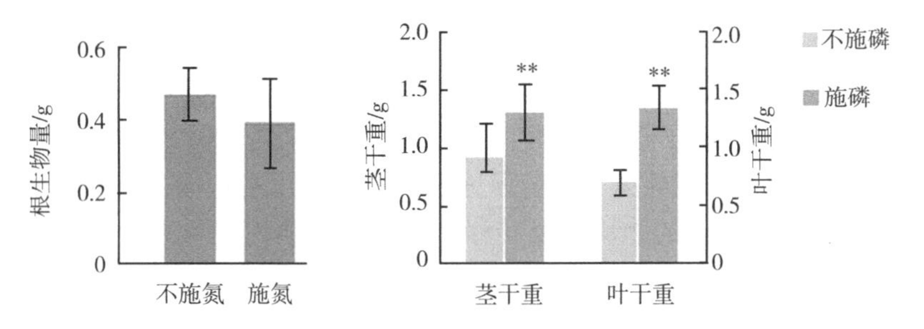


**图 3-6 土壤氮磷水平对花生植株干物质积累的影响**

**（Wu et al.，2022；Yang et al.，2022）**

注：** 表示 0.01<*P*<0.05。

## 二、花生生理特征变化对氮磷的响应特征

光合作用、物质代谢等生理特征可反映植株响应外界环境的内在变化，氮磷元素除了影响花生表型生长指标外，对花生生理特性的影响也较大。因此，明确生理特性的响应特征及机理，对提高花

生氮磷吸收利用率及作物增产具有重要的作用（杨丽玉等，2021）。

### 1. 根系生理特性

根系是植株吸收养分、水分的重要器官，具有合成激素、运输水分和养分等重要的生理功能，根系生理代谢会直接影响地上部生长发育、生理功能、物质代谢以及产量和品种形成（万书波，2003）。一般而言，作物根系越发达，从土壤中获取的营养物质越多，越有利于作物产量形成从而达到高产。土壤氮磷元素水平不仅影响植株根系形态结构，对根系生理功能影响也很大。

（1）根系活力

根系活力可反映植物根系吸收与代谢能力的强弱，其变化直接影响地上部的生长和最终产量（Daimon et al.，2001）。研究表明，增施氮磷肥可以显著提高根系活力，但氮磷过高会抑制根系的生长与代谢，花生结荚期施氮磷肥可有效提高根系活力，但收获期根系活力有所下降（赵秀峰等，2010；郑亚萍等，2013；廖常健，2017），这表明氮磷素可显著促进根系的生理代谢功能，但随着生育后期营养体内的物质大量转移到荚果，就会出现根系活力下降现象。

（2）根系可溶性糖和蔗糖

氮是作物生长的重要营养元素之一。研究表明，增加氮素营养可提高作物叶片及根系中可溶性蛋白含量、游离氨基酸含量、可溶性糖及蔗糖含量。与缺氮条件相比，在一定范围内，随着氮素增加，植株根内可溶性糖和蔗糖含量呈增加趋势。这可能是因为氮素的添加增强了根系活力和土壤养分转化，进而促进了根系内碳氮生理代谢。

（3）根系养分吸收

根系作为直接接触土壤的器官，能够吸收土壤水分及养分，且是合成多种生理活性物质的场所（邢维芹等，2002），其数量和活力将直接影响作物的衰老、物质生产、同化产物的运输分配、开花结果等方面，对产量形成具有举足轻重的作用（任书杰等，2003）。根系具有感知外界环境变化并相应的调节自身生理代谢的功能（潘晓迪等，2017）。研究表明，适量施磷可提高根系磷含量，促进根系磷吸收，根系总磷积累量是缺磷的12倍（图3-7），这表明磷素对根系养分吸收影响极大（Wu et al.，2022）。而施氮同样对根系氮素吸收积累有明显的促进作用，氮肥施用提高了根系氮素含量及总积累量。这主要是因为氮素的添加提高了土壤酶活性，提升土壤氮有效性，进而促进作物对氮素的吸收（Liang et al.，2022）。

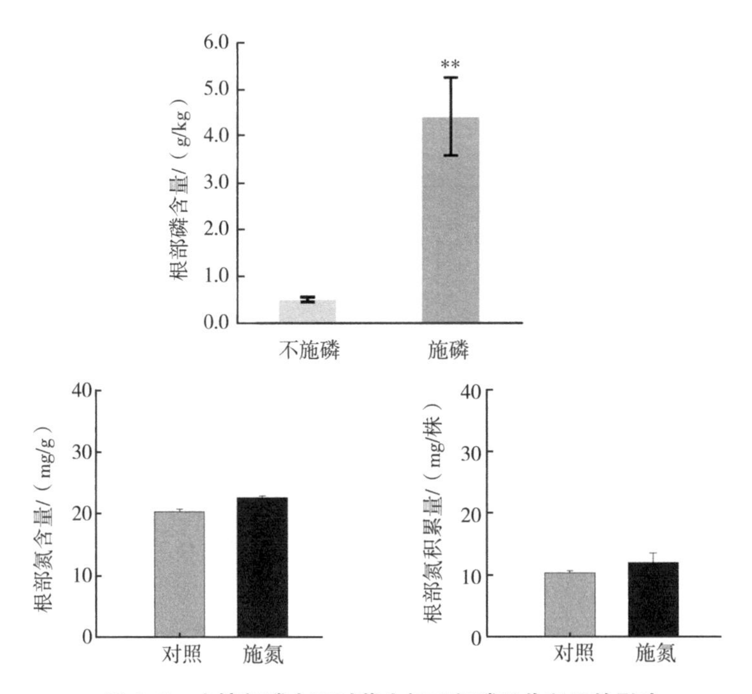


**图3-7　土壤氮磷水平对花生根系氮磷吸收积累的影响**

**（Wu et al.，2022；Liang et al.，2023）**

注：** 表示 0.01<*P*<0.05。

(4) 根系酶活性变化

植物除了通过改变根部形态增加磷素吸收，还可以改变根部代谢来增加磷吸收效率。Wu 等（2022）检测了无磷营养液中水培 60d 左右的花生根部酶活性变化（图 3-8），发现在缺磷胁迫下，根部过氧化氢酶（catalase，CAT）、超氧化物歧化酶（superoxide dismutase，SOD）、酸性磷酸酶（acid phosphatase，ACP）酶活性显著上升，过氧化物酶（peroxidase，POD）的活性有所增加，但不显著。内部抗氧化酶 SOD、CAT、POD 等酶活性显著增加与低磷胁迫下植株体产生更多的有害的活性氧（reactive oxygen species，ROS）有关。谷氨酰胺合成酶（glutamine synthetase，GS）和硝酸还原酶（nitrate reductase，NR）是植物氮吸收中的关键酶，缺磷导致 NR 和 GS 活性下降表明缺磷对花生根部氮吸收产生不利的影响（Wu et al.，2022）。

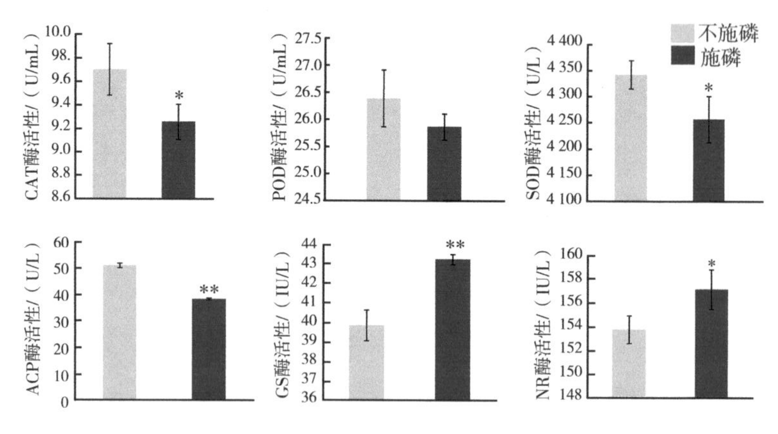


**图 3-8　土壤缺磷对花生根系酶活性的影响（Wu et al.，2022）**

注：* 表示 $P<0.05$；** 表示 $0.01<P<0.05$。

## 2. 叶片生理特性

(1) 叶片叶绿素含量

叶绿素（chlorophyl）是高等植物和其他所有能进行光合作用

的生物体含有的一类绿色色素，是植物叶绿体内参与光合作用的重要色素，主要功能是捕获光能并驱动电子转移到反应中心，对作物生长发育及产量形成有重要影响（杨富军等，2013）。叶绿素含量的多少可以反映植物的健康状况，生产中利用手持式叶绿素仪可直接测定叶片绿色度，测得数值即为 SPAD 值（艾天成等，2000）。土壤氮磷元素含量对植株叶片叶绿素含量有直接影响，氮元素能促进叶绿素的合成，增强光合作用，给植物提供充足的营养，促进植物的生长。氮素与叶片中叶绿素的含量有着密切的关系，如果绿色植物缺少氮素，会影响叶绿素的形成，光合作用就不能顺利进行。氮素供应充足，植物可以合成较多的叶绿素，促进作物生长。而供磷不足，能使细胞分裂受阻，生长停滞，根系发育不良，叶片狭窄，叶色暗绿。由图 3-9 可知，氮磷水平对花生叶片叶绿素含量有显著影响，适量氮磷可显著提高叶片叶绿素含量。

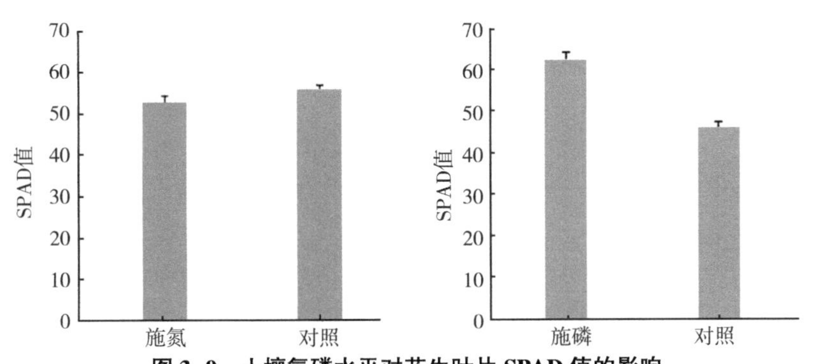


**图 3-9　土壤氮磷水平对花生叶片 SPAD 值的影响**

**（Liang et al.，2023）**

（2）叶片净光合速率

光合作用是干物质累积形成的重要过程，与花生生长发育与产量形成密切相关。花生干物质积累主要来自光合作用，较高光合速率是花生高产的前提。净光合速率是光合作用光反应和暗反应强弱的综合反映（高飞等，2011）。花生自身生物固氮不能完全满足自身生长所需氮量，还需要从土壤和肥料获得部分氮素。研究表明，施氮可显著提高植株叶面积指数和叶片叶绿素含量，提高 SOD、POD 和 CAT 酶活性，降低丙二醛（malondialdehyde，MDA）积累量，有效延缓花生叶片的衰老，改善叶片的光合性能（孙虎等，2010；周录英等，2007），延长叶片功能期，从而增加植株的光合产物，提高花生的荚果产量。但过量施氮会造成花生的上部旺长，叶片之间互相遮挡，造成下部叶片早衰，经济系数降低，不利于光合产物向荚果中分配，从而导致荚果产量降低。总体而言，花生叶片净光合速率随着生育进程的推进呈下降趋势，且不同生育期花生叶片净光合速率对氮肥施用量的响应存在差异（杨吉顺等，2014）。经施氮处理的花生植株光合速率明显高于不施氮处理，且各生育时期光合速率随着施氮量的增加而增加，到饱果期高氮处理之间差异不明显。这表明施氮可有效改善花生光合性能，但随着施氮量的增加，氮肥对花生净光合速率的改善作用减弱（图 3-10）。

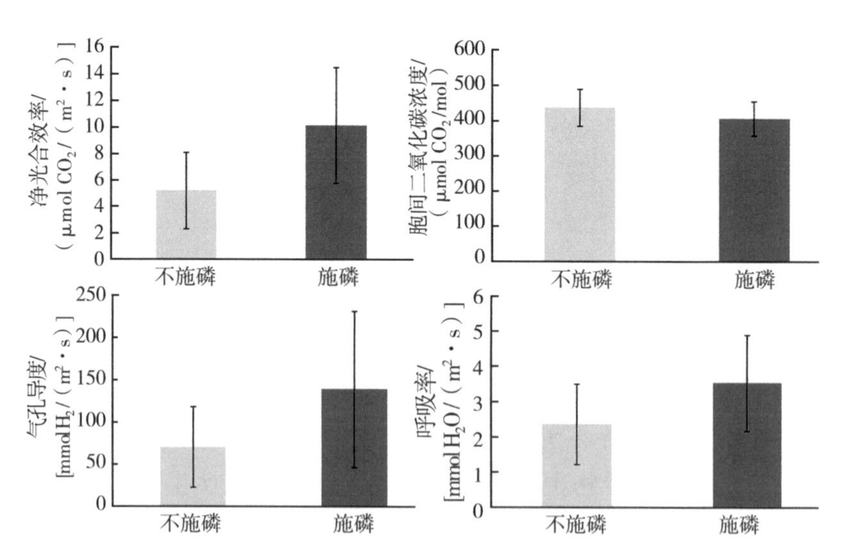

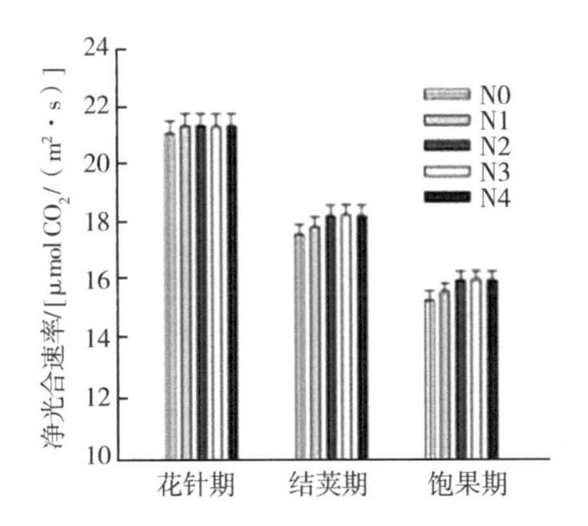


**图 3-10　土壤氮磷水平对花生叶片光合性能的影响**

**(Wu et al., 2022；Liang et al., 2022)**

花生是一种典型的喜磷作物。磷直接参与花生光合机构建成及光合碳同化过程，对于花生产量及品质形成具有举足轻重的作用。光合作用对外界环境变化极为敏感。植株在遭受养分胁迫时往往会发生光抑制，引起光损伤。因此合理施磷对提高花生光合性能极为重要。研究表明，低磷会降低植物的光合速率（Xu et al., 2007），气孔导度下降（He et al., 2010；Zribi et al., 2011）。对花生植株进行低磷胁迫及补施磷肥试验，发现施磷可显著提高花生净光合速率、气孔导度和蒸腾速率，光合速率较低磷处理提高了 95%，蒸腾速率提高了 49.85%（图 3-11）（Wu et al., 2022）。

（3）叶片酶活性

ROS 具有细胞毒性，对 DNA、脂质、蛋白质和碳水化合物具有诱变性和破坏性。当磷缺乏时，ROS 会在植物细胞中发生积累。内部抗氧化剂 SOD、POD 和 CAT 等酶可以保护植物将 ROS 的量需要维持在安全的生存水平以对抗 ROS 损伤并提高植物对磷缺乏的适应能力。Wu 等（2022）研究发现缺磷胁迫下花生叶片 NR 活性显著降低，CAT、POD、SOD 含量较高，意味着叶片中的抗氧化酶系统作为清除 ROS 的保护剂发挥了重要的生理功能。

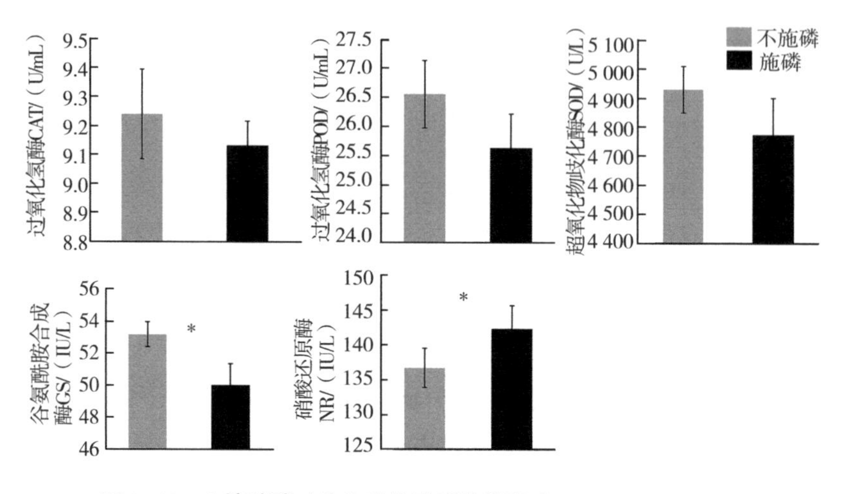


**图 3-11　土壤缺磷对花生叶片酶活性的影响（Wu et al.，2022）**

注：* 表示 $P<0.05$。

## 三、花生转录组和代谢组变化对氮磷的响应特征

### 1. 转录组和代谢组综合分析花生在缺氮胁迫下的根系响应

土壤中丰富的氮是植物生长发育所必需的（Lea et al.，2001；Liu et al.，2021；Ye et al.，2022）。作物进化出复杂的生理及分子机制适应来应对氮不足（Chun et al.，2005；Garnett et al.，2009；Zhang et al.，2021）。在甘蓝型油菜中，缺氮诱导细胞壁相关基因表达量变化从而使主根和侧根变长变细（Qin et al.，2018）。在水稻中，低氮会诱导 NADP 和柠檬酸盐积累，加速三羟酸循环产生更多能量和 α-酮戊二酸从而促进氮的运输和同化（Xin et al.，2019）。花生产量强烈依赖土壤氮供应的有效性，氮是制约花生生长发育的重要养分元素（林郑和等，2011；Yang et al.，2022）。根系是作物与养分吸收关系最直接的器官，与植株的生长和产量形成

密切相关。土壤养分状况直接影响根系发育，影响花生植株的正常生长。因此，研究花生根系对缺氮的响应机制显得尤为重要。

Yang 等（2022）采用转录组学和代谢组学相结合的方法，分析了不同施氮水平下花生根系差异基因、重要代谢途径和差异代谢物的变化（图 3-12）。结果表明，在鉴定到的 75 810 个基因中总共有 4 051 个基因在缺氮与不缺氮条件下表现出显著的差异表达的特征，这部分基因被定义为氮胁迫响应基因。其中 2 744 个基因在氮胁迫条件下显著上调表达、1 307 个基因显著下调表达。

为进一步明确氮胁迫响应基因的功能及参与的代谢途径，Yang 等（2022）对氮胁迫响应基因进行了 GO 功能富集分析和

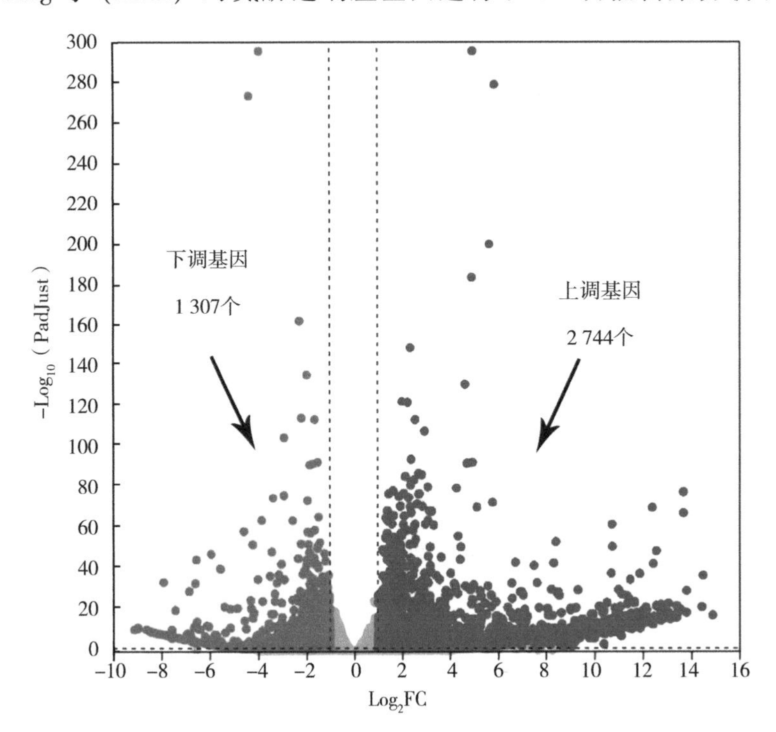


**图 3-12　不同施氮水平下花生根系差异表达基因**

KEGG 代谢途径富集分析（图 3-13、图 3-14），结果表明，氮胁迫响应基因功能主要与半胱氨酸双加氧酶活性、硝态氮代谢、激素代谢、氨基酸代谢、糖代谢功能相关。以上代谢途径在花生根系响应低氮胁迫中发挥了非常重要的作用。

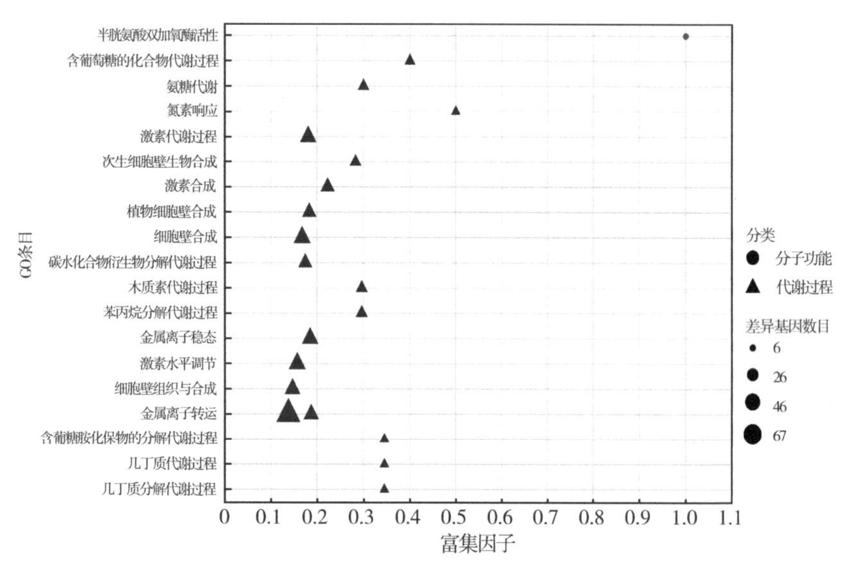


**图 3-13　氮胁迫响应基因 GO 功能富集分析**

代谢物是植物生理生化反应的直接参与者，逆境胁迫下代谢物组的变化在很大程度上反映了植物对逆境胁迫的反应和防御。根据花生根系代谢组学测序数据进行主成分分析（PCA），结果发现相同氮水平条件下的不同样品聚类在一起，不同氮水平条件下的样品较为分散（图 3-15），说明不同土壤氮水平对花生根部代谢造成显著影响。通过对鉴定到的 1 175 种代谢物进行差异分析，共有 484 种代谢物（260 显著上调累积，224 显著下调累积）在缺氮和不缺氮条件下表现出显著差异积累水平。这些代谢物被定义为土壤氮胁迫响应代谢物（图 3-15）。

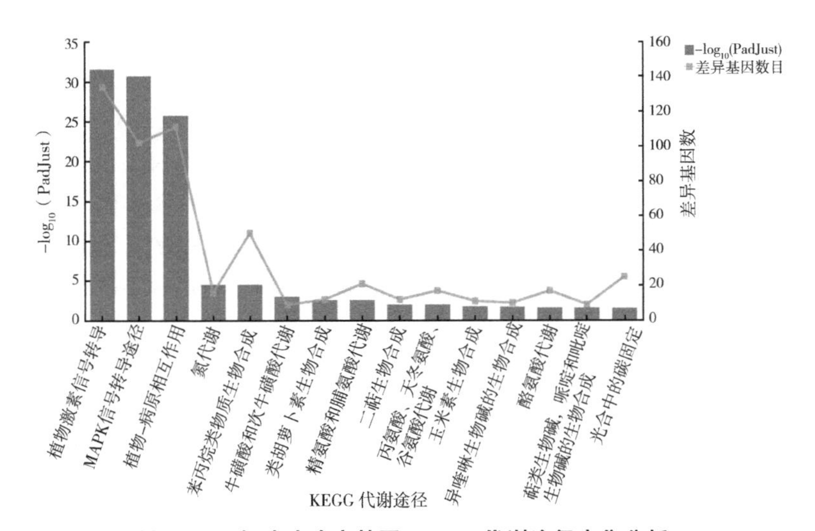


**图 3-14　氮胁迫响应基因 KEGG 代谢途径富集分析**

注：右纵坐标表示比对上该通路的基因数量，对应的是折线上的不同的点；左纵坐标表示富集的显著性水平，对应的是柱子的高度，其中，FDR 越小，$-\log_{10}$（PadJust）值越大，该 KEGG 代谢途径越显著富集。

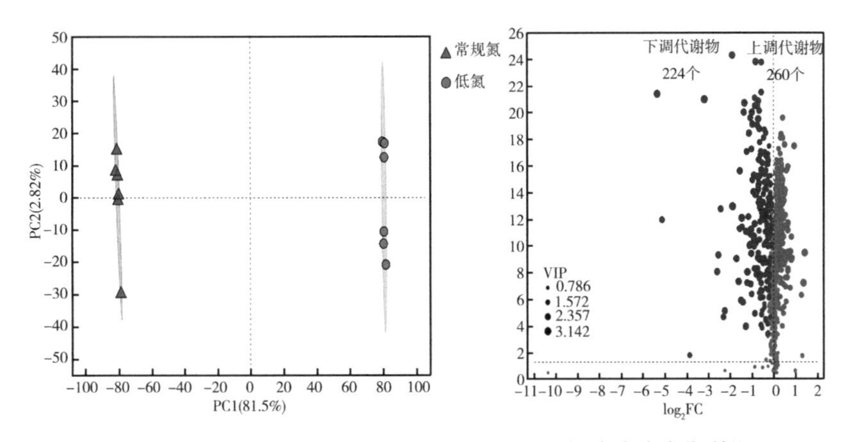


**图 3-15　不同氮水平下代谢物主成分分析及氮胁迫响应代谢物**

通过 KEGG 数据库对氮胁迫响应基因和氮胁迫响应代谢物进

行相关性分析表明，在缺氮条件下，花生根系中许多差异代谢物和差异基因与氨基酸代谢和TCA循环有关。氨基酸代谢与植物逆境胁迫响应紧密相关（表3-1、表3-2）（Chen et al.，2021；Verslues et al.，2011；Lei et al.，2015）。碳水化合物代谢途径不仅为植物发育提供能量，也是植物适应逆境胁迫的重要调控途径。TCA循环是植物细胞碳水化合物代谢的核心途径，是细胞能量产生的关键，它与碳水化合物生物合成途径共同维持植物在各种胁迫条件下的能量供给稳态。低氮胁迫抑制了花生根系中编码TCA循环主要限速酶柠檬酸合成酶基因（AH11G01560）的表达，阻断柠檬酸合成，导致TCA循环中主要代谢物柠檬酸、苹果酸、氧戊二酸积累量减少，从而通过抑制TCA循环的方式降低花生根部能量正常供给，进而影响花生植株的生长发育。

**表3-1　氮胁迫条件下氨基酸代谢及TCA循环途径中的差异表达基因及功能**

| 代谢途径 | 基因ID | 表达变化 | 基因功能与蛋白定位 |
| --- | --- | --- | --- |
| 氨基酸代谢 | AH14G20240 | 下调 | delta-1-pyrroline-5-carboxylate合酶 |
| | AH04G17800 | 下调 | delta-1-pyrroline-5-carboxylate合酶 |
| | AH02G20050 | 下调 | delta-1-pyrroline-5-carboxylate合酶 |
| | AH12G22370 | 下调 | delta-1-pyrroline-5-carboxylate合酶 |
| | AH14G20240 | 下调 | delta-1-pyrroline-5-carboxylate合酶 |
| | AH04G17800 | 下调 | delta-1-pyrroline-5-carboxylate合酶 |
| | AH02G20050 | 下调 | delta-1-pyrroline-5-carboxylate合酶 |
| | AH12G22370 | 下调 | delta-1-pyrroline-5-carboxylate合酶 |
| | AH20G35100 | 上调 | 脯氨酸脱氢酶2，线粒体 |
| | AH14G37520 | 上调 | 脯氨酸脱氢酶2，线粒体 |
| | AH14G42830 | 上调 | 脯氨酸脱氢酶2，线粒体 |
| | AH10G27380 | 上调 | 脯氨酸脱氢酶2，线粒体 |
| | AH04G03030 | 上调 | 丙氨酸4-羟化酶4 |

（续表）

| 代谢途径 | 基因 ID | 表达变化 | 基因功能与蛋白定位 |
| --- | --- | --- | --- |
| 氨基酸代谢 | AH13G30650 | 上调 | 丙氨酸 4-羟化酶 3 |
| | AH03G27770 | 上调 | 丙氨酸 4-羟化酶 3 |
| | AH14G03920 | 上调 | 丙氨酸 4-羟化酶 4 |
| | AH11G25190 | 上调 | 胍基丁胺脱亚胺酶 |
| | AH03G27950 | 上调 | 醛脱氢酶家族成员 F1 |
| | AH19G32030 | 下调 | 肌球蛋白-11 |
| | AH15G02350 | 下调 | — |
| | AH13G12450 | 上调 | 酶 C869. 01 |
| | AH18G30390 | 上调 | 肌氨酸氧化酶 |
| TCA 循环 | AH01G07200 | 上调 | 柠檬酸合成酶，乙醛酸循环体 |
| | AH10G01550 | 上调 | 苹果酸脱氢酶，叶绿体 |
| | AH11G23300 | 上调 | 苹果酸脱氢酶，叶绿体 |
| | AH09G31250 | 上调 | 2-氧戊二酸脱氢酶，线粒体 |
| | AH09G31250 | 上调 | 2-氧戊二酸脱氢酶，线粒体 |

**表 3-2　氮胁迫条件下氨基酸代谢及 TCA 循环途径中的差异代谢物及功能**

| 代谢途径 | 差异代谢物 | 代谢水平（常规氮） | 代谢水平（低氮） |
| --- | --- | --- | --- |
| 氨基酸代谢 | *L*-脯氨酸 | 4. 390783333 | 3. 562266667 |
| | *L*-精氨酸 | 6. 866883333 | 5. 642616667 |
| | 4-羟基肉桂酰基胍丁胺 | 4. 6106 | 4. 2286 |
| | 阿魏酰基腐胺 | 4. 593216667 | 4. 43835 |
| | 二氨基庚二酸 | 5. 163116667 | 4. 521016667 |
| | *L*-天冬氨酸 | 5. 66105 | 4. 909733333 |
| | 醛赖氨酸 | 4. 815 | 5. 413583333 |
| | N2-（*D*-1-羧乙基）-*L*-赖氨酸 | 5. 510083333 | 5. 1782 |
| | *DL*-吡哌羧酸 | 4. 26435 | 5. 423366667 |

（续表）

| 代谢途径 | 差异代谢物 | 代谢水平（常规氮） | 代谢水平（低氮） |
| --- | --- | --- | --- |
| TCA 循环 | α-酮戊二酸 | 6.6148 | 6.55695 |
| | 苹果酸 | 6.916216667 | 6.887833333 |
| | 柠檬酸 | 6.77945 | 6.720633333 |

当植物受逆境胁迫时，作为氮代谢前体的氨基酸累积量会随之发生显著改变（Bolton，2009）。在低氮胁迫条件下，花生根系中大量脯氨酸、精氨酸和赖氨酸代谢途径相关基因显著上调表达，花生根系中赖氨酸表现出显著的积累增长效应，而脯氨酸的累积量则显著减少，这可能是由于氮胁迫条件下花生根系中赖氨酸积累，诱导其进入糖代谢途径，进而分解代谢脯氨酸导致。由此可知，氨基酸代谢途径是花生根系响应低氮胁迫的关键途径。花生可能通过促进氨基酸代谢和增加游离氨基酸含量来抵抗缺氮胁迫对根系生长的损害。赖氨酸、脯氨酸和精氨酸积累与低氮胁迫下花生抗性损害的确切机制有待进一步研究。

**2. 花生转录组代谢组对磷的响应特征**

植物体中磷含量比土壤中高 1 000~10 000 倍，植物以主动运输的方式吸收土壤磷（Shen et al.，2011）。植物为适应土壤低磷环境，进化出了复杂的调控网络，包括将土壤中难溶的固态磷转化为可吸收的有效磷，提高自身磷吸收的能力，以及不同组织、器官之间转运达到高效利用有限磷素的能力，而以上生物学过程都需要植物磷转运系统来实现（Gu et al.，2016；Lopez-Arredondo et al.，2014）。缺磷是花生最严重的非生物胁迫之一。磷缺乏最明显的影响是抑制根系生长。Wu 等（2022）对缺磷和不缺磷条件下培养的花生植株根部进行了转录组分析，共检测到 6 088 个差异表达基因，其中上调基因 3 577 个、下调基因 2 511 个，这部分基因为花生缺磷胁迫响应候选基因。对以上基因进行 GO 基因功能富集分析发现（图 3-16），“分子功能”分类中，2 772个基因与“结合活性”有关，2 283个基因与“催化活性”有关；“细胞组分”分类中，1 803个基因与“细胞组分”相关；“生物学过程”分类中，1 405个基因与“代谢过程”有关，1 444个基因与“细胞过程”有关。另外发现 56 个基因属于细胞壁组成物有关的生物过程中成员。KEGG 通路分析共富集到 18 个主要过程中，其中 117 个基因与苯丙烷胺生物合成有关，该物质在植物生长和胁迫条件下的适应中起重要作用，因此该途径可能与低磷胁迫下的适应有关。

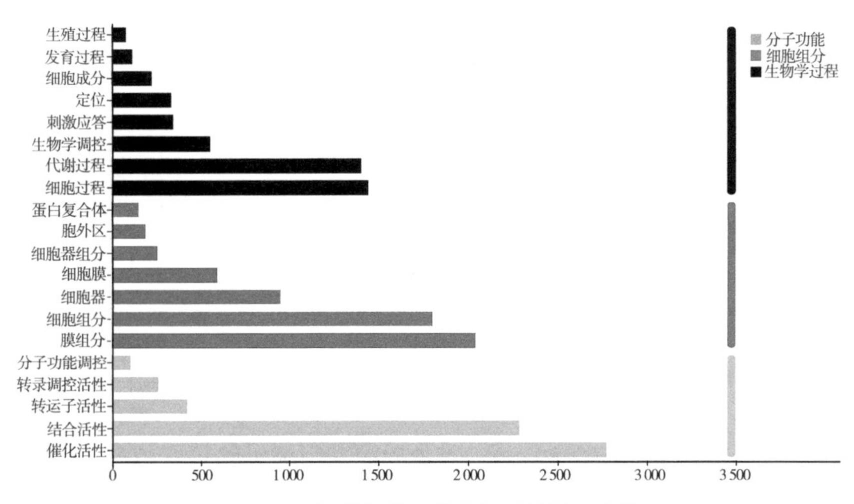


**图 3-16　低磷条件下花生根系转录组变化情况 GO 功能分析（Wu et al.，2022）**

转录因子（transcription factor，TF）在响应抗逆及胁迫并调节下游基因表达过程中发挥重要作用。已有的研究表明，WRKY 转录因子家族、MYB 转录因子家族、NAC 转录因子能够通过调控下游 PHT 家族和 SPX 家族基因表达，调控作物对磷的吸收（Deng et al.，2018；Jiang et al.，2019；Zhang et al.，2021）。

Wu 等（2022）研究发现，大部分花生中的 WRKY、MYB、NAC 转录因子家族基因响应缺磷胁迫，且相当数量的 PHT 家族基因和 SPX 家族基因在缺磷胁迫条件下上调表达（图 3-17），这一结果说明，花生可能通过 WRKY 转录因子家族、MYB 转录因子家族、NAC 转录因子家族成员基因调控 PHT 家族和 SPX 家族基因表达进而调控花生对磷的吸收。

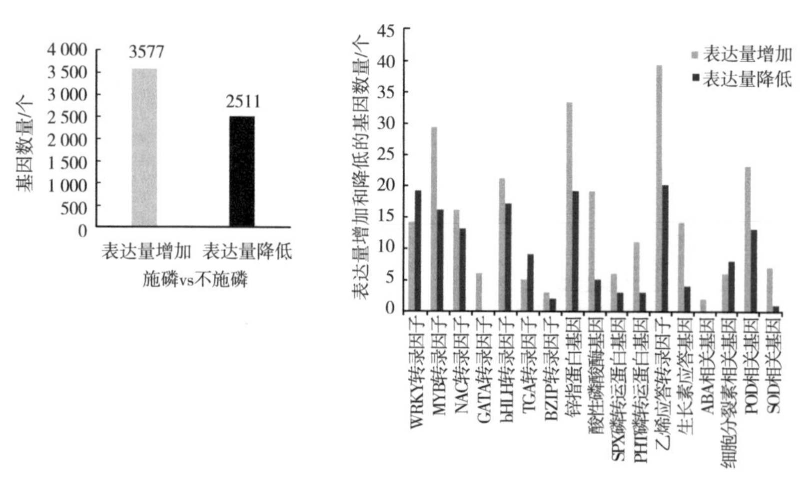


**图 3-17　低磷条件下花生根系部分转录因子变化情况（Wu et al.，2022）**

microRNA（miRNA）是一类由内源基因编码的长度约为 22 个核苷酸的非编码单链 RNA 分子，它们在动植物中参与转录后基因表达调控。Wu 等（2022）通过对有磷和无磷条件下生长的花生根组织进行了 microRNA 比较高通量检测发现花生根部存在 6 个低磷响应 miRNA（图 3-18），其中包括 2 个表达量上调的 microRNA（ahy-miR160-5p、ahy-miR3518）和 4 个表达量下调的 microRNA（ahy-miR408-5p、ahy-miR408-3p、ahy-miR398、ahy-miR3515）。通过生物信息方法对这 6 个 miRNA 的靶基因进行预测，检测到这 6 个磷胁迫响应 miRNA 的靶基因分别与生长素信号转导途径

（miR160-5p-*ARF*），类黄酮合成途径（ahy-miR3518-*KAN*4），淀粉代谢调控途径（ahy-miR3515-*PFP*1），植物木质素合成和非生物胁迫中的应答途径（ahy-miR408-3p-*laccase-3*）相关。这些响应低磷胁迫 miRNA 的靶基因在低磷胁迫条件下的具体功能及其作用有待进一步实验验证。

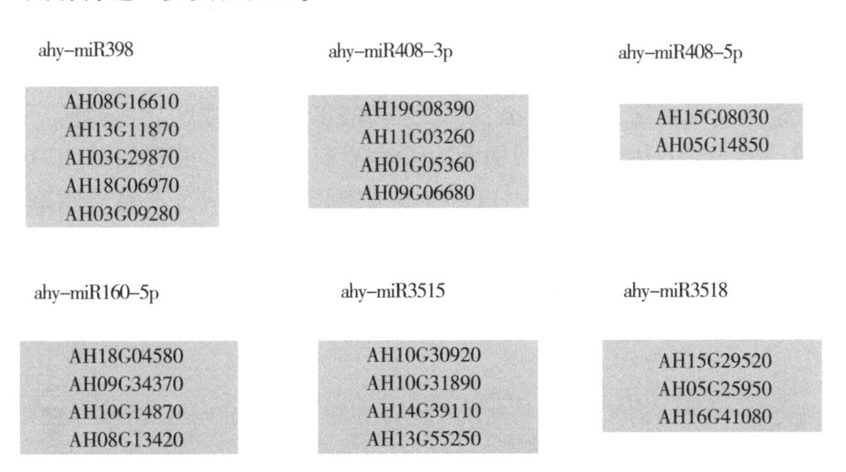


**图 3-18　低磷条件下花生根系有显著差异的 miRNA 及其靶基因（Wu et al.，2022）**

代谢组学已经成为评估多种代谢产物在转录后调控变化的有效方法。Wu 等（2022）通过对不同施磷水平条件下花生根部代谢组的结果进行分析，共鉴定到 439 个低磷响应差异积累代谢物（DAM），其中 334 个 DAM 在低磷胁迫条件下累积量显著上升，105 个代谢差异物累积量显著下降。在差异代谢产物中，81 个下调代谢产物为一些脂类相关，如磷脂酰胆碱（18：0），磷脂酰胆碱（15：0），磷脂酰胆碱［18：1（9Z）］，磷脂酰胆碱［18：2（9Z，12Z）］，磷脂酰乙醇胺［0：0/20：4（5Z，8Z，11Z，14Z）］；120 个上调代谢产物与氨基酸，苯丙烷胺代谢途径和茉莉酸途径中的产物相关。苯丙烷胺途径中苯丙氨酸解氨酶（phenylalanine ammonia lyase，PAL）、4-香豆酸-辅酶 A 连接酶（4-coumarate-CoA ligase，4CL）、肉桂酰基-辅酶 A 还原酶（cinnamoyl-CoA reductase，CCR）、肉桂醇脱氢酶（cinnamyl alcohol dehydrogenase，CAD）在低磷胁迫条件下发生显著积累，这些代谢物对 guaiacyl（G）lignin、syringyl（S）lignin、5-hydroxy-guaiacyl（H）lignin、p-hydroxy-phenyl（P）lignin 的合成至关重要。此外茉莉酸的代谢前体 12-OPDA 也在低磷条件下发生大量积累，表明低磷胁迫下茉莉酸的合成量增加。12-OPDA 和茉莉酸可以直接或间接地激活下游抗性应答基因表达，帮助花生发生适应变化。溶血磷脂酰胆碱（lysophos phatidyl choline，LPC）是细胞膜的主要成分，是磷脂酰胆碱的衍生物，由于磷的缺乏，该代谢物在低磷胁迫条件下的积累量显著降低，导致花生根部在低磷胁迫条件下与对照组相比细胞显著变小，形状不规则（图 3-19）。

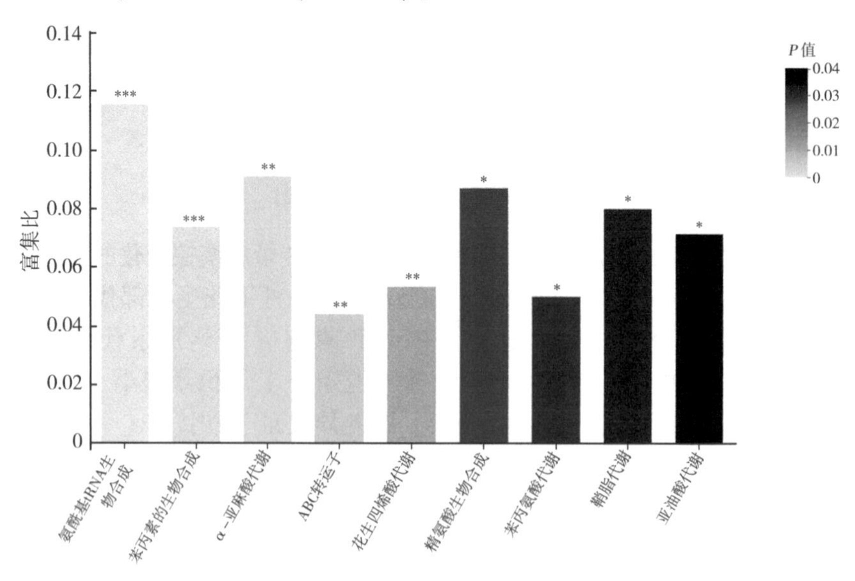


**图 3-19　低磷条件下花生根系有显著差异的代谢物分析（Wu et al.，2022）**

# 第四章　不同基因型花生品种氮磷利用效率及差异特征

花生是我国重要的油料作物之一，在农业生产中具有重要地位。不同花生基因型品种间氮磷利用效率存在显著差异，这为选育高效利用氮磷的花生基因型品种提供了可能性。通过对不同基因型品种的花生进行氮磷利用效率的比较研究，找出高效利用氮磷的品种，进一步推动花生生产的发展。

研究不同花生基因型品种间氮磷利用效率的差异及选育出高效利用氮磷的花生品种，对提高花生生产效率、减少农业环境污染和降低化肥使用量具有重要意义，是实现农业可持续发展的重要途径。

## 一、不同基因型品种花生氮吸收利用情况

不同基因型品种的花生在氮素吸收和利用方面有着显著的区别。首先，各种基因型品种的花生对氮的吸收量不同。一些品种的花生可能对土壤中的氮元素有更高的吸收效率，而其他品种则可能在这方面表现较弱。这种差异可能来源于它们的基因差异，或者与它们的生长环境有关。此外，不同品种的花生对氮的利用方式也存在差异。有些品种可能更有效地将氮转化为蛋白质贮存于籽粒中，而其他品种可能更偏重将氮用于营养体的生长。这种利用方式的差异可以在花生蛋白质含量，以及其他相关的生物化学指标上得到反映。

因此，了解不同基因型品种花生氮吸收和利用的情况，不仅可

以帮助优化花生的种植方式，提高产量和品质，还可以为花生种植的生态环境保护提供科学依据。

### 1. 不同基因型品种花生氮含量、积累与分配

同一作物不同基因型或品种类型氮素利用效率存在较大差异。氮素利用效率的高低与品种形态特征及生理特性密切相关（图4-1）。明确不同品种氮素利用特征，对培育和筛选氮高效品种具有重要意义。王春晓等（2019）对19个花生品种的氮素积累和氮素相关指标进行了研究，发现不同品种植株氮含量与分配差异显著。营养体氮含量平均为1.50%，变异系数为14.0%，其中花育20号氮含量最高为1.96%，潍花2000-1和花育626氮含量最低，仅为1.19%。生殖体氮含量平均为3.21%，变异系数为6.2%，变异幅度明显低于营养体，其中日本千叶半蔓氮含量最高，达3.50%，潍花2000-1氮含量最低，约为日本千叶半蔓的75%。营养体氮积累量平均为0.21g/株，变异系数为23.8%，其中花育20号氮积累量最高，较平均值高47.6%，山花7号氮积累量最低，较平均值低42.9%。生殖体氮积累量平均为0.85g/株，变异系数为16.5%，其中豫花9326氮积累量最高，为1.07g/株，日花1号氮积累量最低，为0.55g/株。氮分配系数变异幅度为2.47~7.63，平均值为4.38，变异系数为32.0%，其中山花7号氮分配系数最大，达为7.63，汕油52最小，较平均值低43.6%。

郑永美等（2016）综合分析不同基因型花生不同氮源的氮积累量发现，肥料氮、土壤氮、根瘤固氮和全氮积累量的平均值分别为每株0.28g、1.33g、0.60g和2.20g，差异达极显著水平；其中基因型PI259747肥料氮、土壤氮和根瘤固氮积累量均最高，其全氮积累量显著高于其余各基因型花生，是基因型3-XC128的2.24倍。

不同品种植株营养体、生殖体的氮含量、氮积累量以及氮分配系数存在显著差异。营养体氮积累量与全株干重呈极显著正相关，

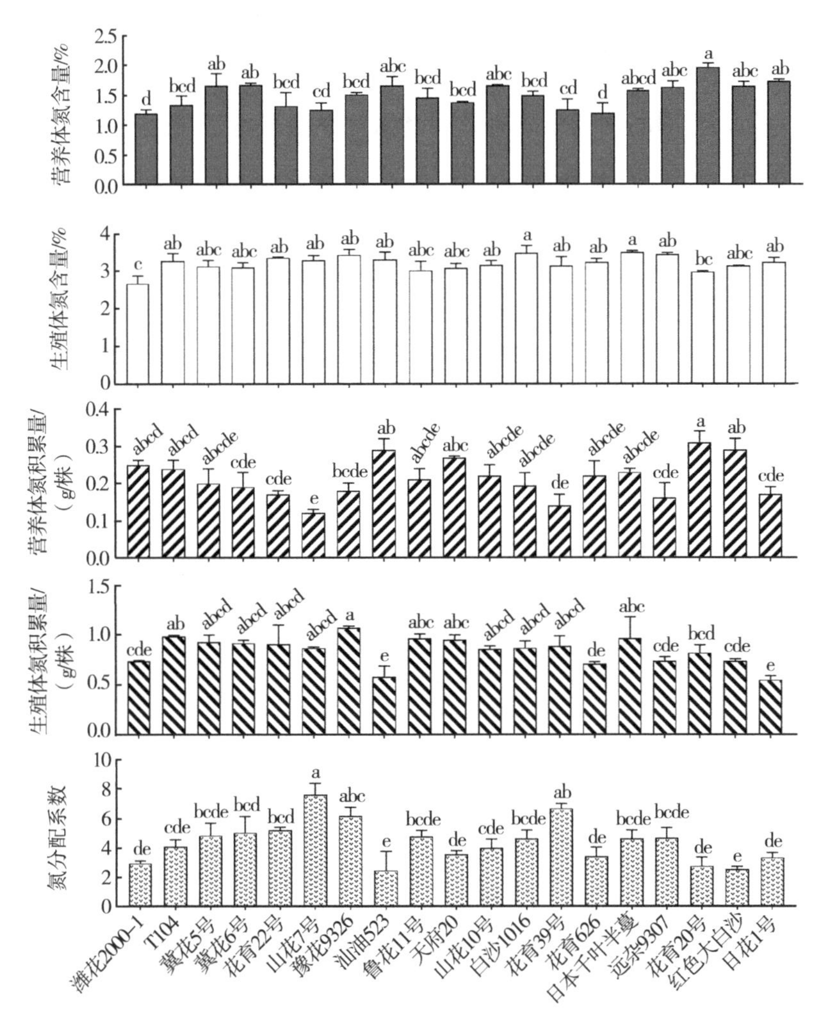


**图 4-1　不同品种花生氮含量、氮积累量以及氮分配系数**

注：不同字母表示不同品种间差异显著（$P$<0.05）。

与氮分配系数和收获指数率呈极显著负相关；生殖体氮积累量与生殖体干重和全株干重呈极显著正相关；全株氮积累量与生殖体氮积

累量、生殖体干重和全株干重呈极显著正相关，表明花生不同器官的氮积累量主要取决于其干物质积累量，而与氮含量关系不大。

### 2. 不同品种花生氮素效率及氮源供氮差异

不同品种间氮素荚果生产效率和生物效率存在差异（图 4-2），王春晓等（2019）研究发现不同品种间氮素荚果生产效率和生物效率，变幅分别为 19. 74～26. 48 kg/kg 和 34. 35～49. 39kg/kg，平均值分别为 23. 36kg/kg 和 38. 50kg/kg，变异系数分别为 7. 7%和 9. 2%。氮素荚果生产效率以潍花 2000-1 最高，汕油 523 最低；氮素生物效率同样以潍花 2000-1 最高，而豫花 9326 最低；氮素生物效率在品种间的变异系数略高于氮素荚果生产效率。

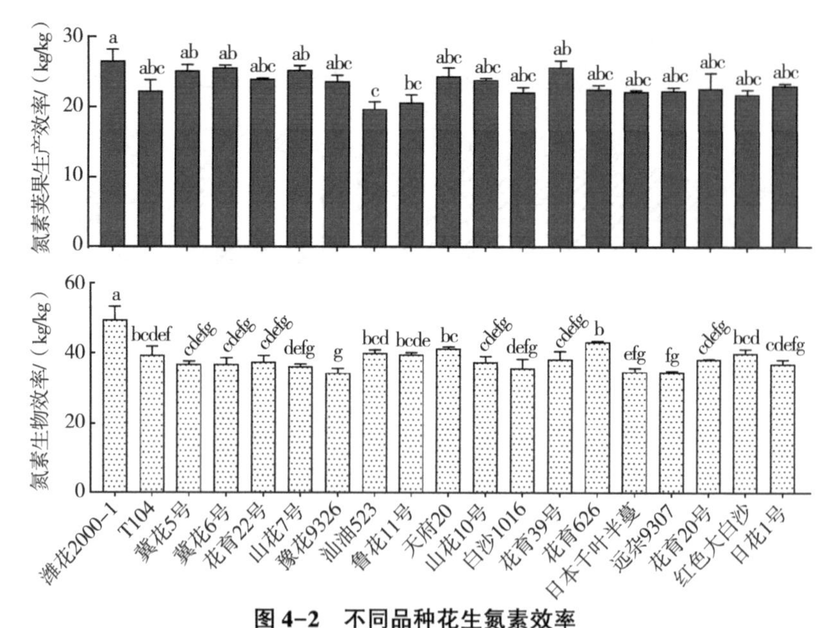


**图 4-2　不同品种花生氮素效率**

注：不同字母表示不同品种间差异显著（$P<0.05$）。

氮素荚果生产效率与氮肥偏生产力和收获指数呈显著正相关；

氮素生物效率与营养体干重和全株干重呈极显著或显著正相关，与收获指数呈极显著负相关，这表明单位氮肥生产力和收获指数高的花生品种容易获得较高的氮素荚果生产效率，而营养体和全株干物质积累量高，且干物质在营养体分配比例大的花生品种容易获得较高的氮素生物效率。

花生植株生育所需要的氮素主要来自土壤、根瘤固氮和氮素化肥。郑永美等（2016）对 20 个不同基因型品种（系）植株氮素来源研究发现，不同基因型品种的土壤供氮率分布在 51.9%～73.7%，根瘤供氮率分布在 10.5%～37.4%，肥料供氮率分布在 10.8%～15.2%。不同基因型花生对土壤氮、根瘤固氮和肥料氮这 3 种氮源的供氮比例均存在显著基因型差异（图 4-3）。郑永美等

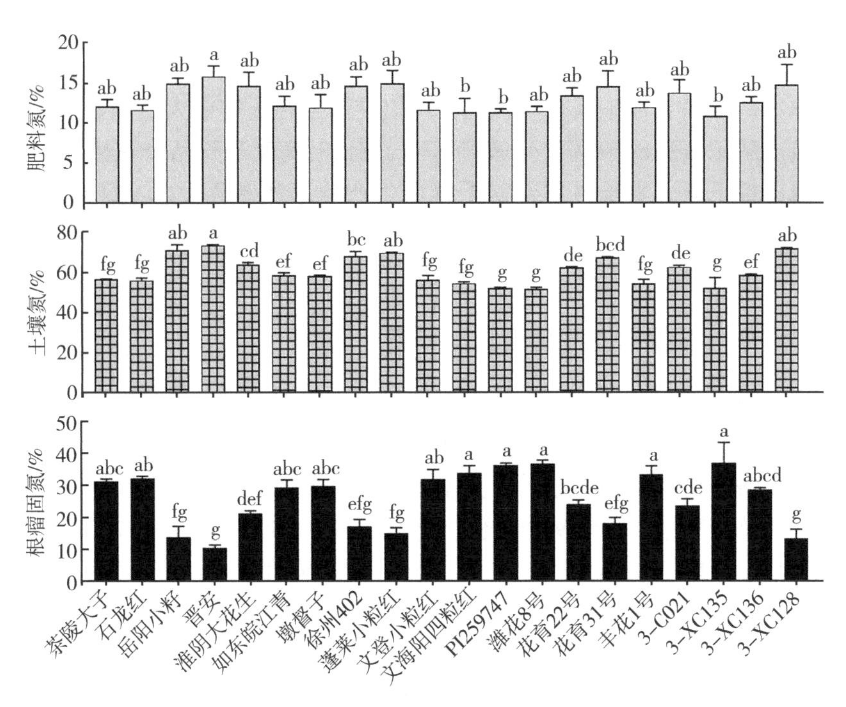


**图 4-3　不同基因型花生肥料氮、土壤氮和根瘤固氮的供氮比例**

注：不同字母表示不同品种间差异显著（$P<0.05$）。

（2016）发现在高肥力土壤条件下，肥料氮、土壤氮和根瘤固氮的供氮比例变异幅度分别为 10.9%～15.9%、51.9%～73.6%和 10.5%～36.7%，最大值分别是最小值的 1.5 倍、1.4 倍和 3.5 倍，肥料氮、土壤氮和根瘤固氮的供氮比例平均值分别为 13.1%、61.1%和 25.8%，且差异达极显著水平，说明花生氮素营养在高土壤肥力条件下以土壤氮为主，根瘤固氮次之，肥料氮最低。其中晋安花生肥料氮和土壤氮的供氮比例均最高，根瘤固氮的供氮比例以潍花 8 最高。

## 二、不同基因型品种花生磷吸收利用情况

我国是磷资源匮乏的国家，农业生产承受着作物持续增产、磷资源相对不足及施磷成本不断增加的多重压力。但生产上为了追求作物高产而大量施入化学磷肥，不仅使磷素在土壤中大量积累，还造成磷肥资源的浪费。张政勤等（1998）发现不同品种花生在缺磷条件下营养生长盛期磷素干物质生产效率相差 4.1% ～ 60.7%。筛选和利用磷吸收、利用效率较高的基因型，可为作物对磷素资源利用的一条有效途径。

### 1. 不同品种花生磷含量与积累

不同基因型花生磷素积累存在差异（图 4-4）。于天一等（2015）研究发现不同基因型花生整株磷总累积量在 394.4～616.3 mg/株，差异极显著。其中鲁花 11 号、花育 39 号和冀花 5 号的磷总累积量与其他 9 个品种相比分别高 32.3%～56.3%、26.3%～49.3%和 10.3%～30.3%。同时不同基因型花生磷利用效率范围为 104.1～128.2kg/kg，基因型间差异最高可达 23.5%。其中鲁花 11 号、花育 39 号、冀花 5 号、花育 20 号、潍花 2000-1、日本千叶半蔓和日花 1 号这 7 个基因型的利用效率高于平均值。

冯昊等（2018）等在大田研究发现不同花生品种整株磷含量

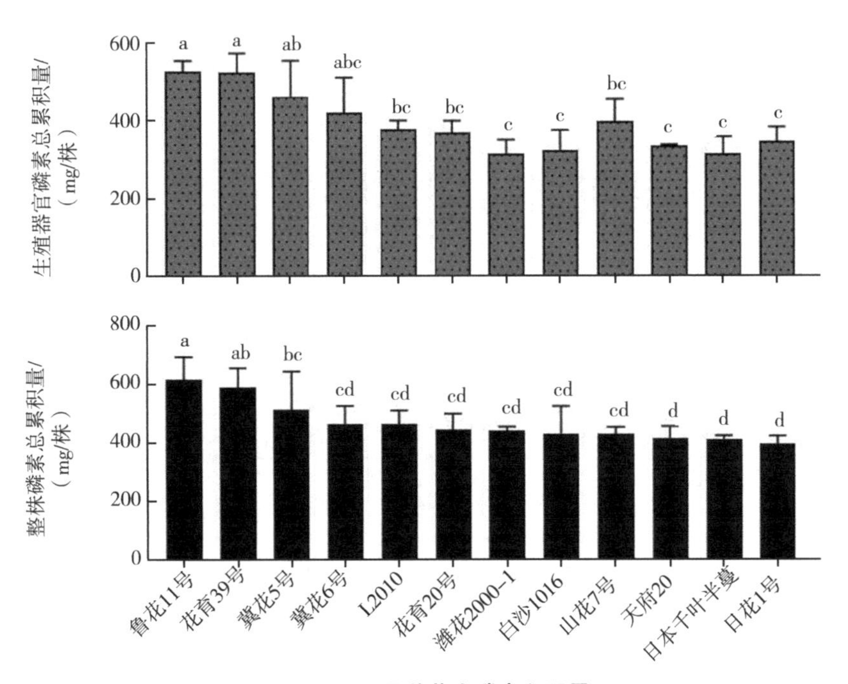


**图 4-4 不同品种花生磷素积累量**

注：不同字母表示不同品种间差异显著（$P<0.05$）。

在莱西基地和招远基地皆有显著差异（图 4-5），其中在莱西基地不同花生品种整株的磷含量为 4.48~7.03 g/kg，最大值约为最小值的 1.6 倍，变异系数为 9.21%；在招远基地为 4.18 ~ 6.47 g/kg，最大值约为最小值的 1.5 倍，变异系数为 9.94%。

### 2. 不同品种花生磷素利用效率

不同基因型品种花生间对磷素的利用效率也存在较大差异（图 4-6）。于天一等（2015）研究发现不同基因型花生磷利用效率为 104.1~128.2 kg/kg，基因型间差异最高达 23.5%。其中鲁花 11 号、花育 39 号、冀花 5 号、花育 20 号、潍花 2000-1、日本千

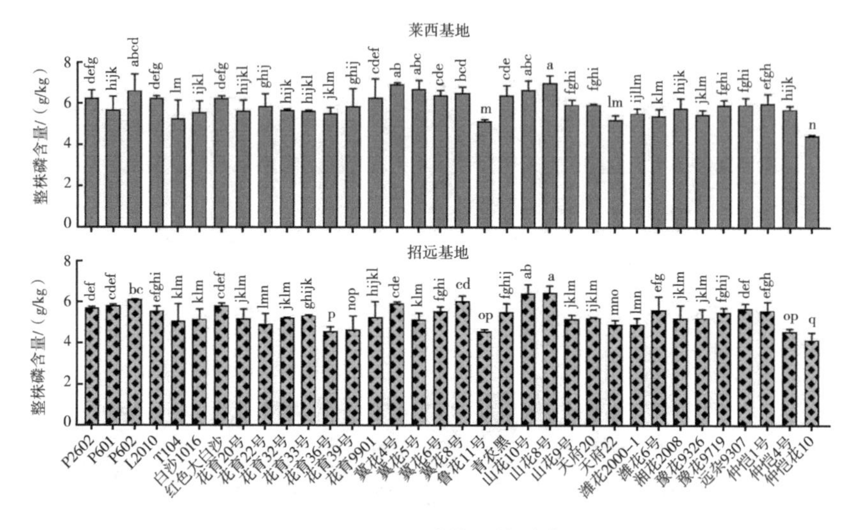


**图 4-5　不同品种花生的磷含量**

注：不同字母表示不同品种间差异显著（$P<0.05$）。

叶半蔓和日花 1 号的利用效率高于平均值，定义为磷高效品种，其他品种低于平均值。不同基因型花生磷收获指数为 71.2%～92.6%，差异极显著，其中鲁花 11 号、花育 39 号、冀花 5 号、冀花 6 号、山花 7 号和日本千叶半蔓的收获指数高于平均值，其他 6 个品种低于平均值。

冯昊等（2018）在莱西基地和招远基地的测定同样表明不同花生品种的磷素利用效率和磷收获指数均存在显著差异。莱西基地磷素利用效率变幅为 78.2～119.4 kg/kg，招远基地为 88.3～134.0 kg/kg，最大值均为最小值的 1.5 倍左右。众多研究表明通过筛选具有磷素高效利用遗传潜力的花生基因型和品种，可作为花生节磷的有效途径。

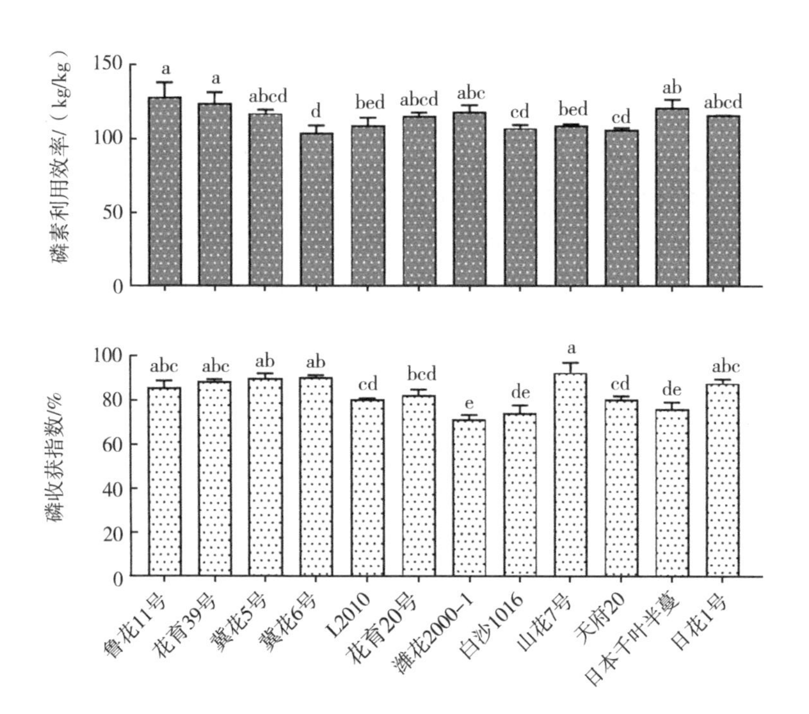


**图 4-6　不同基因型花生磷素利用**

注：不同字母表示不同品种间差异显著（$P<0.05$）。

## 三、氮磷高效基因型品种的利用特性

### 1. 氮素高效花生品种的利用特性

Beatty 等（2010）研究认为，吸收积累的单位氮素所生产的籽粒产量可以用来评价氮素利用效率，氮素荚果生产效率可以作为鉴定氮素利用效率的可靠指标。张智猛等（2007）也认为，花生吸收氮素营养的运转分配对花生荚果产量的影响较大。此外，氮素收获指数均在多种作物中存在显著的基因型差异，较高氮素利用效率的基因型吸收氮能力较强，而且吸收的单位氮所生成的生物产量和籽粒产量均较高。

花生是以收获荚果产量为目标，而且荚果产量与不同氮源的氮素积累量呈显著或极显著正相关关系，所以相同条件下，花生吸收积累氮素高、产量亦高的基因型即为较高氮素利用基因型。郑永美等（2016）在高肥力土壤条件下筛选出对肥料氮、土壤氮、根瘤固氮以及全氮利用率较高的基因型，包括石龙红、海阳四粒红、PI259747 和潍花 8 号共 4 个品种。花生产量与氮素积累量、氮素收获指数、氮素荚果生产效率和氮肥利用率呈显著或极显著正相关关系，而且不同氮源中以根瘤固氮相关性最高；与根瘤固氮的供氮比例呈显著正相关关系，但与肥料氮和土壤氮的供氮比例均呈显著负相关关系（表 4-1），表明高肥力土壤条件下不同氮源的氮素积累量及供氮比例、氮素收获指数、氮素荚果生产效率和氮肥利用率均可直接或间接的用于较高氮素利用基因型花生的筛选，而且在较高氮素利用基因型花生的选育中可协同提高根瘤固氮能力。

王春晓等（2019）研究发现氮高效型品种的荚果氮效率平均为 25. 0kg/kg，比氮低效型品种高 13. 6%。在植株有足够氮积累的前提下，提高氮向生殖体的分配比例是高产氮高效品种的基本特征。不同类型花生品种的土壤氮和肥料氮供氮水平与氮效率一致，而根瘤供氮水平与氮效率因品种产量水平而异；不同类型品种间的肥料供氮比例相差不大。此外，不同类型花生品种的产量和氮效率与氮肥利用率和氮肥偏生产力高度一致；其中高产品种氮肥利用率高于低产品种。氮肥偏生产力与氮效率趋势与氮肥利用率相同，表明高产磷高效品种有利于提高氮肥利用率和氮肥偏生产力。所以高产氮高效基因型花生的主要特征包括：植株需要有足够的氮积累且需提高生殖体的氮分配比例。

**表 4-1　花生产量与氮素吸收利用相关性状的相关系数**

| | $R_1$ | $R_2$ | $R_3$ | $R_4$ | $R_5$ | $R_6$ | $R_7$ | $R_8$ | $R_9$ | $R_{10}$ | $R_{11}$ | $R_{12}$ | $R_{13}$ |
|---|---|---|---|---|---|---|---|---|---|---|---|---|---|
| $R_2$ | 0.673** | | | | | | | | | | | | |
| $R_3$ | 0.522* | 0.844** | | | | | | | | | | | |
| $R_4$ | 0.522* | 0.865** | 0.986** | | | | | | | | | | |
| $R_5$ | 0.650** | 0.886** | 0.508* | 0.535* | | | | | | | | | |
| $R_6$ | -0.446* | -0.580** | -0.063 | -0.117 | -0.875** | | | | | | | | |
| $R_7$ | -0.509* | -0.638** | -0.154 | -0.178 | -0.911** | 0.973** | | | | | | | |
| $R_8$ | 0.499* | 0.630** | 0.138 | 0.168 | 0.908** | -0.982** | -0.999** | | | | | | |
| $R_9$ | 0.838** | 0.113 | 0.245 | 0.123 | 0.055 | 0.141 | -0.01 | -0.016 | | | | | |
| $R_{10}$ | 0.771** | 0.06 | 0.243 | 0.13 | -0.039 | 0.249 | 0.12 | -0.144 | 0.973** | | | | |
| $R_{11}$ | 0.809** | 0.111 | 0.297 | 0.174 | 0.005 | 0.23 | 0.075 | -0.104 | 0.985** | 0.987** | | | |
| $R_{12}$ | 0.671** | 0.118 | 0.02 | -0.052 | 0.233 | -0.22 | -0.32 | 0.301 | 0.705** | 0.585** | 0.585** | | |
| $R_{13}$ | 0.778** | -0.003 | 0.08 | -0.032 | 0.002 | 0.109 | -0.04 | 0.013 | 0.923** | 0.895** | 0.897** | 0.703** | |
| $R_{14}$ | 0.564** | 0.46** | 0.998** | 0.988** | 0.509* | -0.06 | -0.16 | 0.14 | 0.243 | 0.239 | 0.294 | 0.03 | 0.085 |

注：$R_1$，产量；$R_2$，全氮积累量；$R_3$，肥料氮积累量；$R_4$，土壤氮积累量；$R_5$，根瘤固氮积累量；$R_6$，肥料氮供氮比例；$R_7$，土壤氮供氮比例；$R_8$，根瘤固氮供氮比例；$R_9$，全氮收获指数；$R_{10}$，肥料氮收获指数；$R_{11}$，土壤氮收获指数；$R_{12}$，根瘤固氮收获指数；$R_{13}$，氮素荚果生产效率；$R_{14}$，氮肥利用率。*，$P<0.05$；**，$P<0.01$。

### 2. 磷素高效花生品种的利用特性

花生籽仁中富含脂肪和蛋白质，是需磷量较大的作物，磷是影响花生产量和品质的重要因素之一。磷高效基因型主要是指植株能够将体内积累的磷更多地分配到生殖体中形成产量，即单位产量所需要的磷素较少。因此，筛选磷高效花生品种对于在有限的磷矿资源背景下实现花生高产、优质具有重要作用。

磷效率类型相同时，高产型花生的生殖体、营养体及整株磷累积量均高于低产型，且生殖体磷累积量差异显著（图 4-7）。于天一等（2016）筛选出 10 个既高产又磷高效品种：天府 20、天府 22、山花 9 号、花育 36 号、花育 33 号、潍花 2000-1、花育 22 号、花育 39 号、豫花 9326、鲁花 11 号；5 个低产磷高效品种：仲恺 1 号、仲恺 4 号、豫花 9719、L2010。其中莱西基地高产磷高效性花生品种的生殖体、营养体和整株磷累积量较低产磷高效型分别高 30.9%、20.5% 和 29.3%；招远基地中，高产磷高效性花生品种的生殖体、营养体和整株磷累积量比低产磷高效型分别高 9.7%、10.3%和 9.8%。

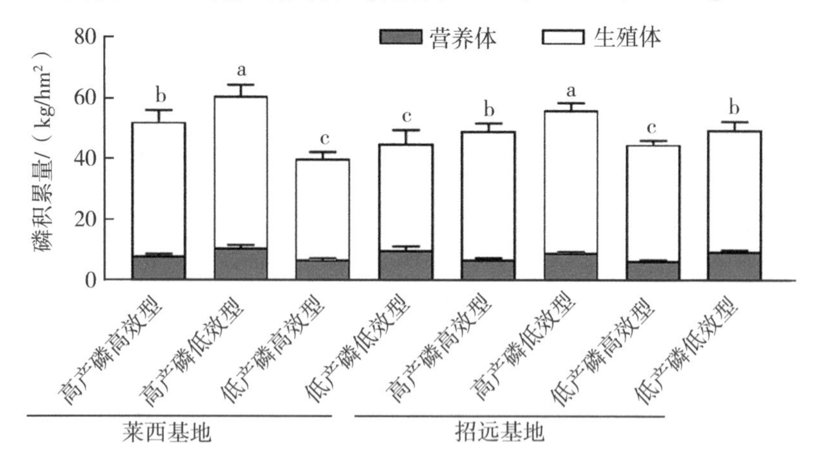


**图 4-7　不同磷利用效率及产量类型花生品种的磷积累量**

注：不同字母表示不同类型花生间差异显著（$P<0.05$）。

植株磷浓度及累积量是评价磷效率的重要指标。于天一等（2016）研究表明产量类型相同时，花生磷效率主要取决于植株磷浓度及累积量，器官中磷浓度偏高及营养体磷积累过多，是磷低效的主要因素。当磷效率类型相同时，较高的生殖体及整株磷累积量是花生高产的主要因素，证明磷在花生光合作用以及糖类、蛋白质和脂肪代谢过程中的重要作用。

当磷效率类型相同时，高产磷高效型品种的营养体、生殖体及生物产量均高于低产磷高效型（表 4-8）；高产磷低效品种的生殖体干重及生物产量高于双低型。表明磷效率类型相同时，各器官较高的干物质积累，特别是生殖体和生物产量积累，有利于产量形成。

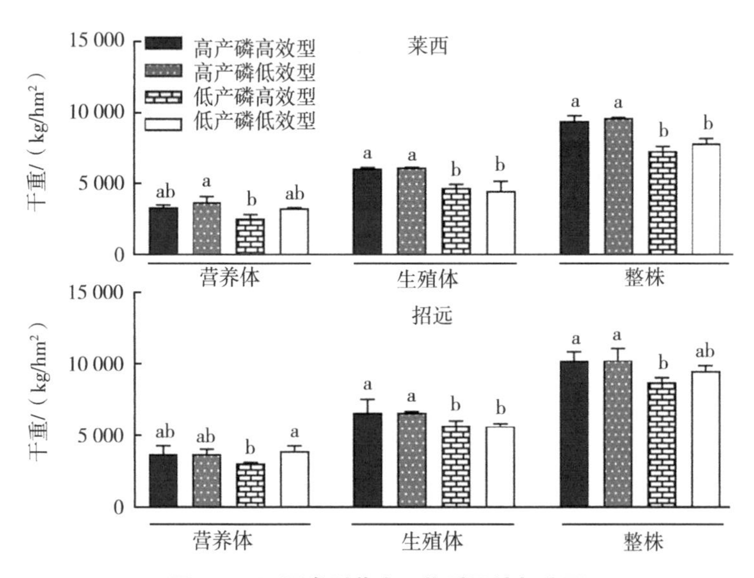


**图 4-8　不同类型花生干物质累计与分配**

注：不同字母表示不同品种间差异显著（$P<0.05$）。

产量形成期营养器官中的磷素逐渐向生殖器官中转运，这是作物体内储藏磷再利用的主要方式之一，对果实磷素累积、利用及产量形成具有重要作用。于天一等（2015）筛选出 3 个高产磷高效品种——鲁花 11 号、花育 39 号及冀花 5 号，其生产单位产量所需要的磷素较少，而且产量水平较高。磷利用效率与饱果成熟期生殖器官磷累积量和磷转移量呈显著正相关，磷转移率及转移磷贡献率与饱果成熟期生殖器官磷累积量呈显著或极显著相关，说明高磷转移率、转移磷贡献率品种通过提高饱果成熟期生殖器官磷累积量间接影响花生磷利用效率。此外，冯昊等（2018）分析也表明花生产量与磷素利用效率、磷收获指数、整株磷累积量及磷分配系数呈极显著正相关；磷素利用效率与磷收获指数和分配系数呈极显著正相关，与整株磷含量呈极显著负相关。所以高产磷高效基因型花生的主要特征包括较高的磷素干物质生产效率和能力、适当偏低的植株磷浓度和适中的磷累积量，以及荚果中较高的磷分配比例。

# 第五章　外源氮磷投入对土壤肥力及相关微生物多样性的影响

氮和磷是植物生长所需的主要营养元素。外源投入氮磷可以提供花生生长所需的养分供应，确保花生植株能够获得足够的氮和磷来支持其正常的生长和发育。与此同时，外源氮磷投入还影响着土壤理化及生物学特性，对土壤氮磷及其他性质产生影响。

## 一、外源氮投入对土壤肥力特征的影响

花生含油量高、耗氮量大，具有较高的单产潜力。我国耕地肥力普遍较低、土壤供氮能力差，无法满足花生等油料作物对氮素的需求（朱兆良，2008）。因此，补施外源氮是提高花生产量的重要手段。但过量施用氮肥不仅不会增产，还容易引起植株营养器官异常生长，出现倒伏现象，抑制花生根瘤的形成，降低氮肥利用率，导致减产，降低经济系数。因此，合理、适量施用氮肥，不仅可以维持作物的高产，还能避免由施氮量过多而引起的浪费和减产。已有的研究表明，外源氮投入会对土壤物理结构，理化性质，养分循环转化具有显著影响。因此，研究外源氮投入对土壤的影响能够帮助人们深入了解土壤理化性质的变化，明确氮的吸附、解吸、转化和损失等过程，从而更好地理解土壤中氮的动态变化和循环机制，有效评估土壤的肥力状况，了解土壤中氮的供应情况及氮的迁移和转化过程，为减少氮的流失和环境污染提供科学依据，有助于实现花生产业绿色高效可持续发展和保护土壤生态系统的目标。

### 1. 外源氮投入对土壤物理性质的影响

施氮会对土壤物理结构产生显著影响。短期施用氮肥可以提高土壤团聚体的水稳定性，而长期施用氮肥会很大程度上影响土壤团聚体的结构分布状况，促进土壤容重、土粒密度比例的增加，导致土壤结构稳定性被破坏，土壤容重与紧实度增加，土壤孔隙度降低，耕性变坏，土壤肥力质量退化。

### 2. 外源氮投入对土壤酸碱度的影响

施氮可以改变土壤的酸碱度，影响土壤的 pH 值。研究表明，向土壤中短期施用尿素、铵态氮肥等能够提高土壤 pH 值，但由于随着时间的推移，$NH_4^+$ 氧化成亚硝酸盐过程中会释放出大量 $H^+$，因此长期施用尿素、铵态氮肥则会导致土壤酸化。长期施肥下，我国典型农田耕层土壤酸化速率顺序为：单施氮（尿素、铵态氮肥）>氮磷钾配施>有机肥配施无机肥（孟红旗等，2013）。

### 3. 外源氮投入对土壤氮素形态的影响

氮素是土壤存在的主要营养元素，其主要来源于化肥，而施入农田的氮肥的流失途径主要为挥发、淋洗、硝化/反硝化等。土壤中的氮素多以铵态氮和硝态氮等形式存在。其中硝态氮是一种较为稳定的氮存在形式，在土壤全氮中所占比例可以达到 90%以上，并且可长期存在于土壤中，而铵态氮作为可被植物根系直接吸收利用的氮形态，在土壤中的含量较低。一定范围内土壤硝态氮及铵态氮会随着施氮量的增加而增加。研究表明，施氮显著影响花生种植土壤速效氮含量，与不施氮相比，施氮显著增加了土壤 $NH_4^+$-N 和 $NO_3^-$-N 含量（表 4-1），且土壤硝态氮含量明显高于铵态氮。在单施氮肥和添加碳调控土壤碳氮比试验中发现，单施氮处理的 $NH_4^+$-N 和 $NO_3^-$-N 含量高于对照。$NH_4^+$-N+$NO_3^-$-N 总含量在施氮处理下分别比对照提高了 31.7%和 94.6%。与单一施氮处理相比，添加

碳显著降低了土壤 $NH_4^+-N+NO_3^--N$ 含量，分别降低了 31% 和 13.3%（图 5-1）。

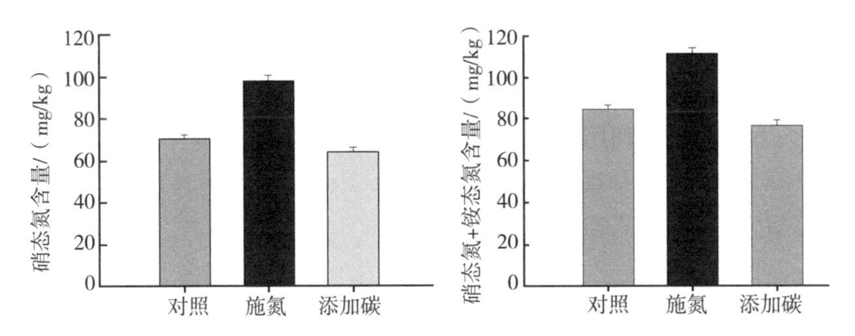


**图 5-1　氮肥对土壤速效氮含量的影响**

## 4. 外源氮投入对土壤有机质的影响

氮是植物合成有机质的重要原料。与不施肥处理组相比，氮肥处理的土壤有机质含量明显提高，这是因为施用无机氮肥能显著增加作物产量，进而增加了植物凋落物、根茬残体和根系分泌物，同时也有利于土壤微生物的生长，促进土壤腐殖质的分解，使土壤有机碳和有机氮含量增加（周晶等，2016）。

## 5. 外源氮投入对土壤酶活性的影响

土壤酶是由微生物、动植物活体分泌及其残体分解释放于土壤中的一类生物催化剂，是土壤组分中最为活跃的有机成分之一，参与土壤中一切生物化学过程。酶活性可代表土壤中物质代谢的旺盛程度，反映微生物对养分的吸收利用状况等，是评价土壤肥力的重要指标之一。由于酶活性与土壤理化性质关系密切，常被认为是表征土壤生产力和肥力质量的重要指标。土壤中常见的酶包括土壤脲酶、土壤过氧化氢酶、硝酸还原酶等。土壤脲酶是土壤氮循环的关键酶，在土壤中对尿素分解和转化后供植物吸收利用，对施用的氮利用率影响较大，可以作为敏感指标表征土壤肥力及土壤质量的变化。研究发现，不施肥条件下脲酶和硝酸还原酶活性均较低，氮肥施用后活性显著增加（图 5-2）。这是因为氮肥的投入可增加微生物的数量，从而可以增强土壤各种相关酶活性，如土壤脲酶、过氧化氢酶、蛋白酶、硝酸还原酶的活性都会有所增强，进而让植物的生长发育及养分利用得到了促进。但相关研究也证实，长期大量施用化肥则会降低土壤微生物活性（Fauci et al.，1994），降低脲酶、过氧化氢酶等的活性。

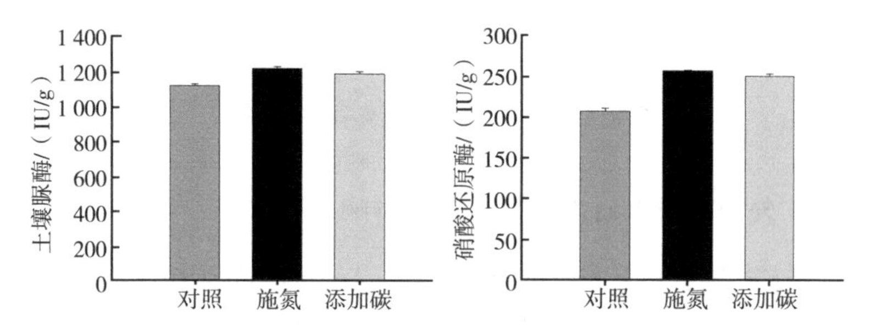


**图 5-2　氮肥对土壤酶活性的影响**

## 二、外源氮投入对土壤相关微生物的影响

土壤微生物量作为土壤有机质最活跃的部分，在一定程度上反映了土壤有机质的分解速度和营养物质的存在状态，从而直接影响土壤的供肥能力和植物的生长状况。施肥是提高作物产量的重要手段之一，在提高作物产量的同时，也影响了土壤微生物群落。研究表明，土壤氮素营养状况显著影响土壤氮相关细菌组成及丰度。与不施氮处理相比，合理施氮显著增加土壤氮相关细菌丰度。此外花生作为固氮作物，花生根部能与根瘤菌相互识别，被侵染，从而形成根瘤进行固氮，根瘤菌是氮相关细菌中一类重要的菌群，当外源氮素加入后，会改变土壤养分状况，为微生物提供足够的能源物质，

进而促进有益固氮菌生长，促进花生氮素固定、吸收。总体而言，就是一定范围内合理施氮能促进花生根际微生物群落的丰富度和多样性，但过量施氮会导致土壤微生物群落不稳定（梁满等，2023）。

### 1. 外源氮投入对固氮细菌群落多样性及群落结构的影响

土壤氮素营养状况显著影响土壤氮相关细菌组成及丰度。研究发现，添加外源氮显著影响了土壤固氮微生物多样性和丰度（表5-1）。在科水平上，慢生根瘤菌科（1.10%~12.48%）、厌氧原体科（9.89%~18.44%）和菌胶团细菌科（3.99%~6.47%）是丰度最高的分类群。在固氮细菌群落中，与对照相比，添加碳处理下根瘤菌目的相对丰度增加，假单胞菌科细菌相对丰度呈下降趋势。慢生根瘤菌科和丛毛单胞菌科的主要细菌相对丰度呈增加趋势。这表明优势固氮菌的丰度受碳氮来源的影响显著。对花生不同品种处理下土壤固氮细菌群落的α多样性指数进行检测，结果表明Shannon指数平均值表现为施氮肥处理显著低于不施氮肥处理。与不施氮肥相比，施氮降低了微生物多样性。而同一品种不同处理下Simpson指数和Shannon指数无显著差异。ACE指数和Chao1指数表明细菌群落在不同处理间也存在显著差异。分析表明，固氮菌的丰度和多样性受氮源影响明显，这是由于大量单一氮源会限制微生物对碳源的利用，进而降低土壤微生物量（图5-3）。

**表5-1　施氮对土壤固氮微生物的影响**

| 处理 | ACE指数 | Chao1指数 | Simpson指数 | Shannon指数 |
| --- | --- | --- | --- | --- |
| 不施氮（B0） | 266.905a | 268.633a | 0.976a | 6.644a |
| 施氮（BN） | 149.159b | 146.5b | 0.939a | 5.585b |
| 不施氮（H0） | 288.446a | 288.399a | 0.985a | 6.793a |
| 施氮（HN） | 166.597b | 172.944b | 0.962a | 5.934b |

注：同一组不同字母表示处理间差异显著（$P<0.05$）；B代表花生品种NN-1；H代表花育22号。

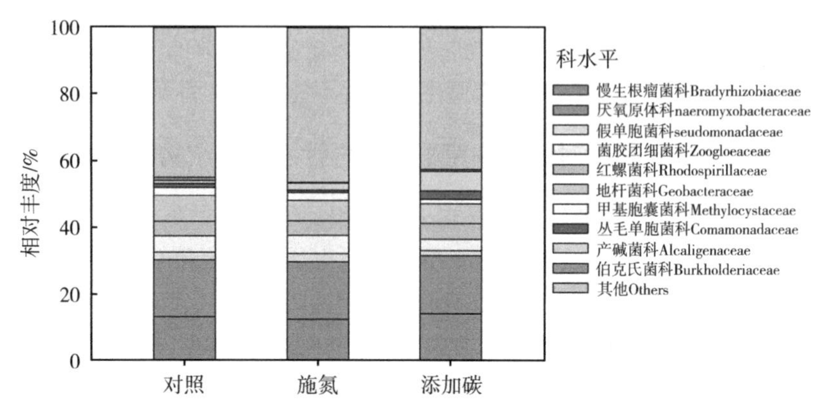


**图 5-3 施氮对土壤固氮细菌的影响**

### 2. 外源氮投入对土壤硝化细菌的影响

土壤中硝化作用第一阶段为亚硝化过程，该过程主要依靠具有氨单加氧酶基因 *amoA* 的氨氧化细菌（AOB）和古菌（AOA），以及具有羟胺氧化还原酶基因 *hao* 的硝化细菌。我国多个长期定位试验研究表明，长期施氮提高了土壤的氨氧化能力和硝化潜势，氮肥施用量和氮肥的种类都是影响土壤微生物氨氧化功能的关键因素（Ai et al.，2013）。研究发现（Wertz et al.，2012），长期施用氮肥对 AOA 群落影响较小，施氮处理和不施氮对 AOB 群落结构影响较大，*Nitrosospira* 属和 *Nitrosomonas* 属的相对丰度增加，且施氮状况下添加了硝化抑制剂处理的硝化细菌 AOB 菌群丰度相较未添加抑制剂处理组显著增加（图 5-4），表明 AOB 群落丰度和结构对氮肥响应强于 AOA，这可能与花生的生态环境和土壤特性、AOA 与 AOB 的结构差异或 AOA 可能的异养生长有关（Beeckman et al.，2018）。

### 3. 氮肥对反硝化菌的影响

氮肥对反硝化菌的影响具有明显的土壤特异性，即使在相同类

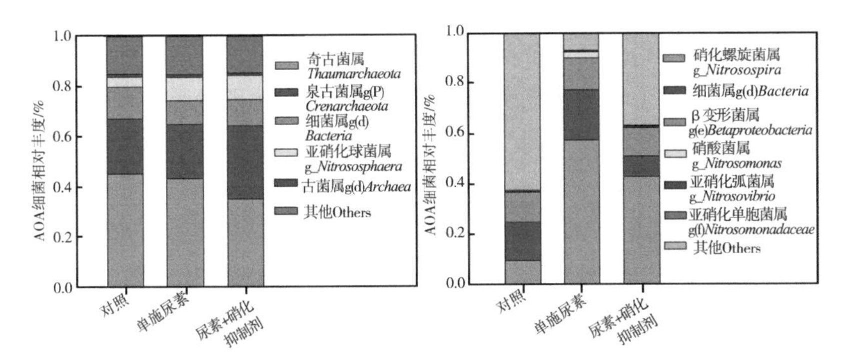


**图 5-4　氮肥对硝化细菌丰度的影响**

型的土壤中，反硝化细菌群落组成的差异也会导致其对氮肥的响应不同（Fan et al.，2012）。用于研究反硝化作用的功能基因主要有 *nirS*、*nirK*、*norB*、*nosZ* 等，不同功能基因代表的反硝化种群对氮肥的响应不同。研究表明，*nirS* 型反硝化菌对氮肥不敏感，而 *nirK* 和 *nosZ* 型反硝化菌对氮肥的响应较为敏感（Yoshida et al.，2010），氮肥施用会提高土壤中有机质和硝态氮含量，从而增加 *nirK* 型反硝化菌群丰度和 *nosZ* 型反硝化菌群结构。

施用氮肥作为农业增产措施的重要环节，对土壤微生物有着深远的影响。长期施入尿素、铵态肥能使土壤 pH 值降低，铵态氮、硝态氮、全氮含量增加。同时土壤中的细菌数量降低，一些病原真菌数量增加。氮肥对土壤中不同类群微生物的影响，也依赖于土壤环境因素（如降水、土壤类型等）和作物管理这些相关条件。因此，氮肥施用量、氮肥类型、作物管理、环境因素和某些微生物类群之间的关系是错综复杂的，应综合考虑。

## 三、外源磷投入对土壤肥力特征的影响

土壤养分含量与花生产量密切相关，适当的磷肥投入可以改善

土壤理化性质，增加土壤有效磷含量，促进植物生长发育及养分利用。因此合理增施磷肥可促进花生生长及产量提高。明确外源磷投入对花生种植土壤理化性质的影响有利于更好地理解土壤有效磷变化特征，通过合理施肥调控土壤有效磷含量，从而科学有效地进行花生田磷素管理。

### 1. 外源磷投入对土壤酸碱度的影响

土壤 pH 值是土壤理化性质的一个重要指标，与土壤外源磷投入水平显著相关。前期研究发现，在磷肥投入高、中、低 3 个水平下，土壤 pH 值随着外源磷投入的增加而降低（图 5–5）。

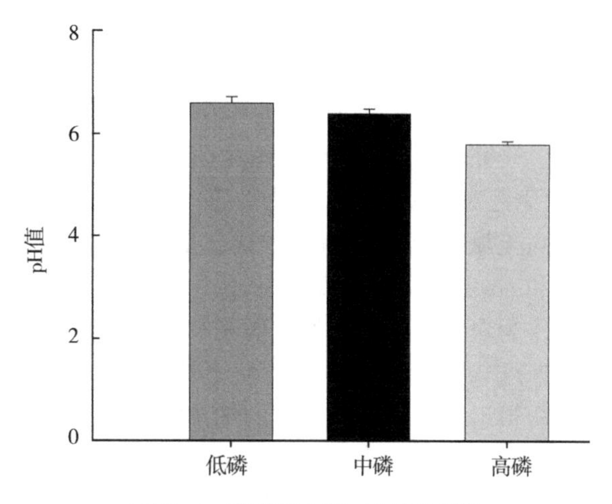


**图 5–5　磷肥对土壤 pH 值的影响**

### 2. 外源磷投入对土壤有效磷的影响

土壤有效磷是指土壤中植物可直接吸收和利用的磷形态，对植物生长起着重要作用。土壤有效磷与外源磷投入之间存在密切的关系。外源磷投入可以增加土壤中的无机磷含量，改变土壤中磷的形态转化过程。施磷肥有效改变土壤中有效磷的含量和形态分布。

### 3. 外源磷投入对土壤酸性磷酸酶活性的影响

酸性磷酸酶是一类催化磷酸酯水解反应的酶，参与土壤中有机磷的矿化和磷的循环过程。土壤中酸性磷酸酶主要来源于微生物分泌和植物根系分泌两种途径，且其活性受土壤环境及植物根系活力影响。因此，外源磷投入对土壤酸性磷酸酶的活性影响相对复杂。通过对不同磷水平和土壤酸性磷酸酶活性进行了相关性分析，结果发现（图 5-6），磷肥添加量与根系酸性磷酸酶 ACP 活性呈负相关，随着施磷量的增加，土壤酸性磷酸酶活性呈降低趋势。其原因可能是：一方面，当外界可利用磷素不足时，低磷胁迫会促使植物酸性磷酸酶的分泌增加以补充作物对磷的需求；另一方面，低磷环境还可能会刺激土壤中部分微生物活性从而提高其释放的酸性磷酸酶活性，用于分解有机磷，从而增加可利用的磷源，而磷充足情况下会抑制酸性磷酸酶的分泌释放。

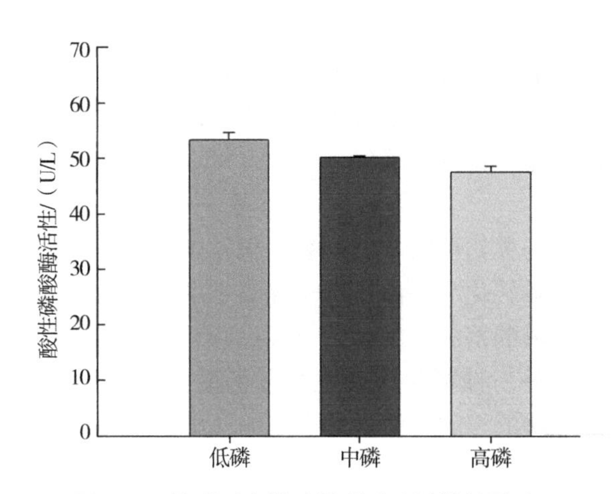


**图 5-6　施磷对土壤酸性磷酸酶活性的影响**

## 四、外源磷投入对土壤相关微生物的影响

土壤微生物对土壤磷素的生物化学作用有重要的影响。土壤微生物是植物的“第二个基因组”，可为进一步增加土壤磷的有效利用提供绿色途径。长期施用磷肥对土壤中的微生物起着选择性作用，使土壤微生物产生适应性（朗明，2018）。在缺少外源磷素补充时，土壤缓效磷能通过物理、化学、生物等途径转化为可利用的有效磷源，土壤有机质能通过生物化学反应转化为富里酸、胡敏酸等物质，促进难溶性磷的转化（Wang et al.，2015）。同时解磷微生物在其生长繁殖过程中通过同化-异化作用，将难溶性的磷转化为能被植物吸收的有效磷，是土壤磷素转化的直接参与者，而不同环境中土壤解磷微生物群落构成及其功能存在差异。在农业生产上，施用磷肥后会改变土壤磷库环境从而影响解磷细菌群落构成（池景良等，2021；滕则栋等，2017；盛荣等，2010），导致解磷微生物与不同形态磷之间的关系发生变化。过量的磷肥施入后，较高的土壤磷素水平不仅会造成土壤酸化从而导致大量磷素流失，还会使土壤微生物种群及功能发生变化（Silva et al.，2022），影响土壤磷库运转。

解磷菌是一种对植物友好的有益根际微生物，能够通过将难溶的无机和有机磷转化为可溶性磷来提高土壤有效磷的含量供根系吸收。对于无机磷的溶解，解磷菌可通过释放有机酸进行溶解，比如葡萄糖酸，这是一种革兰氏阴性菌分泌的溶解矿物质磷的关键物质。对于有机磷的溶解，解磷菌产生的几种酶被用来催化有机磷释放可溶性磷，例如在酸性土壤中占主导地位的非特异性酸性磷酸酶和在中性或碱性土壤中占优势的碱性磷酸酶，以及能够从土壤中释放可溶性磷的植酸酶。解磷菌在不溶性磷的迁移中起着重要作用，有利于促进植物生长。

### 1. 外源磷投入对土壤解磷菌与固氮菌群落组成及多样性的影响

通过对不同施磷水平下花生根际土中解磷菌（PSB）与固氮菌（NFB）标记基因 *phoD* 和 *nifH* 进行高通量测序，发现不施磷肥组的花生根际土中解磷菌与固氮菌物种数略高于施磷肥组（图 5-7）。

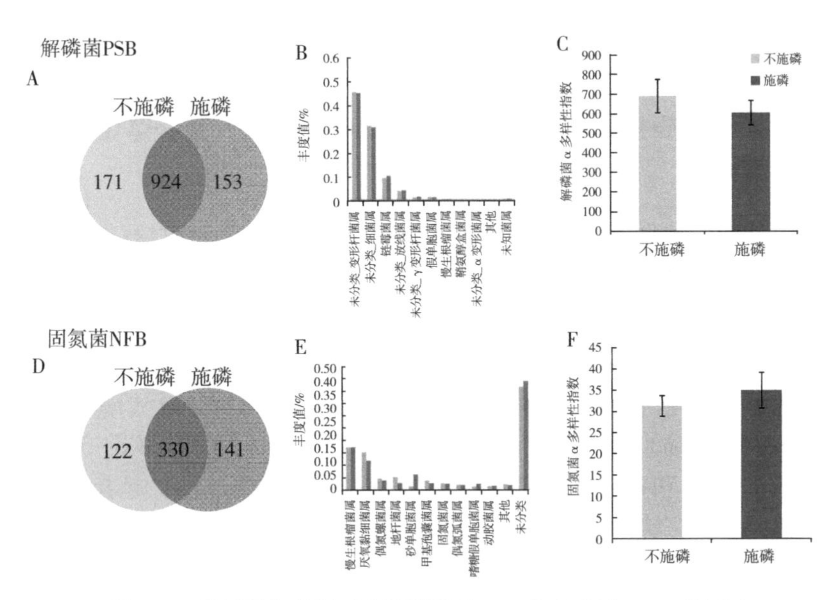


**图 5-7　外源添加磷肥对土壤解磷菌 PSB 和固氮菌 NFB 的影响**

不同磷水平处理下微生物组成有显著差异。其中解磷菌主要包括变形杆菌属、链霉菌属、慢生根瘤菌属、假单胞菌属、鞘氨醇盒菌属等 9 个属，隶属于放线菌门、变形菌门、鞘氨醇盒菌门和芽单胞菌门。固氮菌主要包括慢生根瘤菌属、厌氧黏细菌属、偶氮螺菌属、地杆菌属、砂单胞菌属等 10 个属，隶属于蓝藻门、放线菌门、疣微菌门、变形菌门和厚壁菌门。结果表明 PSB 和 NFB 在施磷肥和不施磷肥组中 α 多样性均差异不显著，但是土壤氮、磷含量是限制 NFB 和 PSB β 多样性的主要环境因素。缺磷情况下，土壤酸性磷酸酶含量、根系 N 含量与 β 多样性呈正相关，当施磷后，土壤速效磷含量、根系磷含量与 PSB 和 NFB 的 β 多样性高度相关，表明 PSB 和 NFB 的群落组成受土壤和根系氮磷营养条件的影响很大，群落组成可根据土壤微生态环境进行适应性调整，同时发现磷肥的供给可缓解氮磷营养对微生物的限制。土壤生态系统中普遍存在氮磷共限和协同作用，缺磷抑制氮同化作用，氮磷共限制及相互作用与微生物的 β 多样性呈正相关（Xie et al.，2022）。

**2. 外源磷投入对花生根际土壤解磷菌、固氮菌群落组装过程的影响**

理解细菌群落组装的形成过程变得越来越重要，该过程同时受到两个主要过程的影响，包括基于中性的随机过程和传统的基于生态位的确定过程（Stegen et al.，2016）。对解磷菌 PSB 和固氮菌 NFB 群落组装过程分别进行检测，结果发现，PSB 群落组装过程由强 drift 过程主导，而 NFB 组装过程则由互补的均质选择（homogenising selection）和漂移（drift）过程主导（图 5-8）。PSB 的 βNTI 值几乎在-2 和+2 之间，这意味着随机过程（漂移过程）起着至关重要的作用，有可能是由于土壤长期施磷肥导致土壤中有效磷含量在不施加磷肥的情况下仍然能够满足微生物生存需要，并未对其造成胁迫抑制导致，同时由于解磷菌自身具备动员土壤磷库的能力，不施磷肥对该微生物群落影响较小。当没有选择力或弱选择力时，漂移过程会改变群落组成，这表明漂移过程在微生物群落形成中至关重要。由于物种数量越多，群落内出现随机变异的可能性更大，因此漂移的影响也会增强。对于 NFB 群落组装过程检测结果显示，均质选择过程和漂移过程都是主导过程。这可能是因为根分泌物和募集信号以及 NFB 固氮菌之间的相互作用导致 NFB 在根际土壤中的定向富集。与 PSB 群体相比，NFB 群体中确定性过程的重要性显著较大。共生微生物的多样性及组成与宿主选择的强度有很大关系，宿主选择引起共生微生物对植物免疫系统、根系分泌物以及根际营养的适应，同时寄主植物可以通过根系对根际微生物进行调节和过滤，以提高自身环境适应性。NFB 群落中确定性过程的增强可能是由花生生境过滤策略引起的。在花生根际 NFB 的优势属中，慢生根瘤菌属和厌氧黏细菌属的相对丰度居前两位，这两种微生物是植物氮营养的主要提供者，也是花生作为宿主的重要有益细菌。在 PSB 和 NFB 中不同的群落组装过程表明花生根系对不同功能群落的过滤策略不同。此外，PSB 的 βNTI 值与根系 NITS 活性呈显著正相关，而 NFB 的 βNTI 值则与土壤酸性磷酸酶活性、土壤 pH 值、根系氮含量的关系更大。这表明 PSB 和 NFB 的 βNTI 值与环境中氮磷营养的限制密切相关。同时共生固氮菌是 NFB 菌群的主要组成部分，NFB 的群落必然受到花生根系营养和根际氮磷营养的强烈选择。

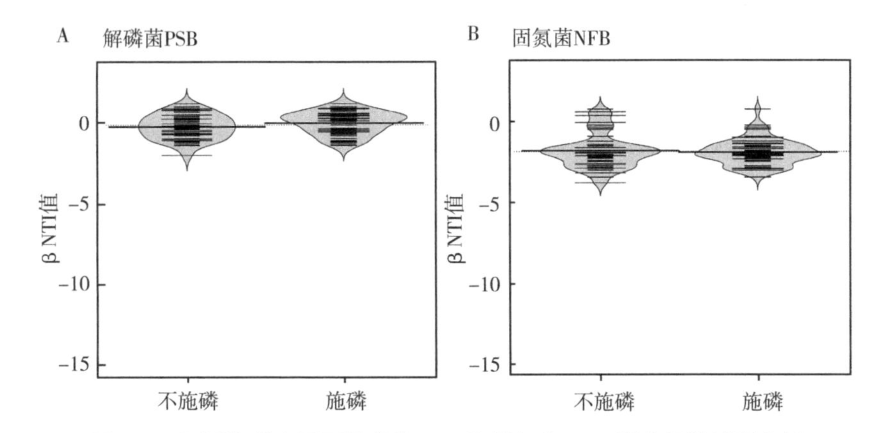


**图 5-8　不同施磷水平下解磷菌 PSB 和固氮菌 NFB 群落组装过程分析**

注：图 A 和图 B 分别表示解磷菌群和固氮菌群 βNTI 值的范围。解磷菌主要受到漂移过程主导，固氮菌主要受到均质选择和漂移过程控制。

# 第六章　氮磷不同供给方式对花生营养吸收利用的作用效果

## 一、缓释肥对花生氮磷吸收利用的影响

缓释肥是一种控释肥料、缓效肥料或长效肥料，也被称为缓慢释放肥。它通过改变化学成分或表面包覆半透水或不透水性物质，能够缓慢地释放出其中的营养元素，有效控制养分的释放速度，显著提高作物的肥料利用率。研究表明，与普通化学氮磷肥相比，缓释肥释放期较长，减弱了养分流失，施用于土壤时可被微生物吸收降解，提高了养分的有效性，使土壤养分释放与植物需求同步，同时土壤环境的危害较小。缓释肥的释放周期与作物的养分吸收规律更加吻合，可以减少施肥次数，节省人力物力，降低能源消耗，对于发展绿色农业、减少农业面源污染具有重要意义。

世界人口持续增长，寻求通过可持续农业提高作物产量和质量的新方法成为农业面临的主要挑战之一。在过去的几十年里，花生的常规施肥多分为 3~4 次施用，包括基肥和后续施肥，这是一种要求高、耗时长、劳动密集型的方法。这种方法可能导致养分流失，从而导致富营养化、温室效应等一系列环境问题。花生是高需氮、需磷作物，提高氮磷肥施用效率是花生种植业发展面临的主要挑战之一。花生在苗期对氮素的需求很少，而氮素的积累主要发生在结荚期，此时需要肥料提供的氮素来满足生长，如果氮素供应不足，会导致叶片过早衰老和荚果发育不良。在花生上，传统氮肥是尿素和硫酸铵等常规肥料。在正常的好氧条件下，$NH_4^+$很容易被氧化为 $NO_3^-$，并通过反硝化作用以 $N_2$ 的形式损失到大气中。缓释肥

料的出现为花生高效施肥提供了新的选择。与尿素相比，缓释氮肥肥料释放期较长，不易流失养分，施用于土壤时可被微生物吸收降解，提高了养分的有效性，使土壤养分释放与花生后期需肥量高同步，对土壤环境的危害较小。已有研究发现，施用缓释氮肥可以延缓氮肥的释放，提高土壤持水能力、硝化作用和氮吸附能力，增加作物氮素的恢复，减少 $N_2O$ 和 $CH_4$ 排放、氨挥发和 N 淋失。缓释氮肥的施用已成为节约肥料消耗的新趋势，是一种环保的氮肥施用方式（Wang et al.，2015；Yang et al.，2016）。磷是花生生长中后期所需的大量元素，其与很多微量元素，如钼、锌、硅等存在拮抗作用。钼在花生根瘤固氮过程中发挥关键作用，缓释肥可以避免一次性施入速效磷肥造成的磷失钼现象，促进花生植株生长前期和中期根瘤生物固氮功能的发挥。此外，缓释磷肥在保证肥效后移满足花生中后期对磷肥需求的同时还能防止多雨地区磷淋失，对农田生态环境友好（张玉树等，2007）。因此，明确缓释肥对花生利用特性、生理特征及花生田土壤氮磷有效性的影响，对进一步提高缓释肥在花生生产中的应用具有重要的指导意义。

### 1. 缓释肥施用对花生植株氮磷分配利用的影响

适度施氮可促进花生源器官分配更多氮素，更好地调节氮素转用到库器官，有利于作物产量形成和氮肥利用效率。Meng 等（2022）等通过对未施氮肥，施用缓释氮肥，和施用常规速效氮肥处理条件下花生结实期氮素吸收利用进行比较分析发现，大部分氮素分配在荚果中，地上部分次之，根系分配的氮素最少。其中，施氮处理的氮素吸收量均高于未施氮处理，地上部分和荚果部分的氮素含量均显著高于未施氮处理，且缓释肥处理下的地上部分和荚果部氮素含量均最高，分别高于常规氮肥处理 5.7%和 12.1%。氮素利用率在缓释肥处理条件下达到 67.1%，比常规施氮处理高 22.9%（表 6-1）。造成这种现象的原因可能是由于与常规氮肥相比，缓释肥弥补了尿素氮释放快、后期需要补施的缺点，不仅能满足花生生长初期所需氮素养分，而且随着生育进程的推进，在结果期亦能提供充足的土壤无机氮，从而促进干物质积累，提高光合产物向籽粒的转运和积累，提高氮素利用效率。研究还发现，不同活性腐殖酸缓释肥施肥水平对花生植株全氮、全磷含量有显著影响，与常规施氮相比，施用活性腐殖酸缓释肥能显著提高植株全氮、全磷积累量，其中籽仁含氮、磷量最高，植株次之，果壳含量最低（吴鹏等，2022）。由此可见，施用缓释肥可提高元素吸收利用率，促进花生植株、果壳和籽仁中氮素、磷素积累量。

**表 6-1　氮肥施用类型对花生各器官氮素吸收利用的影响**

| 处理 | 地上部氮吸收/mg | 地下部氮吸收/mg | 果部氮吸收/mg | 氮肥利用率/% |
|---|---|---|---|---|
| 不施肥 | 89. 60b | 23. 37a | 148. 49b | — |
| 常规施氮 | 98. 42a | 27. 82a | 188. 25a | 44. 2 |
| 缓释肥 | 104. 02a | 26. 95a | 211. 02a | 67. 1 |

注：同一组不同字母表示处理间差异显著（$P<0.05$）。

## 2. 缓释肥对土壤氮磷有效性的影响

对不同肥料处理花生各时期土壤速效氮含量变化进行分析，结果发现，苗期常规施肥处理条件下土壤速效氮含量最高，与不施肥处理和缓释肥处理相比差异显著，分别比对照和缓释肥处理高 17. 8%和 14. 1%。在结荚期，土壤速效氮含量在不施肥和常规施肥处理下呈下降趋势，而在缓释肥处理下呈上升趋势。从结果期至荚果成熟期，3 个处理土壤速效氮含量均呈下降趋势，对照与常规施肥处理差异不大，缓释肥处理比对照处理高 9. 4%（表 6-2）。这可能是因为缓释肥料可控制养分释放速率、缓慢释放养分，改善土壤结构和化学环境，延长氮的存在，使作物在中后期也能充分吸收氮，从而提高作物对氮的吸收。缓释肥对土壤磷的影响主要表现在能使磷素多保留在上层土壤，减少淋溶损失，不同缓释肥用量和常规复合肥试验表明，同一土层间，苗期和结荚期的有效磷含量高于花针期和成熟期，控释复合肥和普通复合肥施用后水解出速效养分，溶于土壤中，导致苗期土壤有效磷含量高；结荚期时根系增重，根瘤增生，固氮活动达到高峰，固氮过程引起微生物的一些变化，而微生物分泌的次生代谢物质等也影响解磷菌的活性，进而影响磷的吸附和解吸，使土壤中磷含量上升（梁舒欣等，2023）。

**表 6-2　氮肥施用类型对不同生育时期花生土壤氮含量影响**

| 处理 | 苗期土壤速效氮含量/（mg/kg） | 结荚期速效氮含量/（mg/kg） | 成熟期速效氮含量/（mg/kg） |
| --- | --- | --- | --- |
| 不施肥 | 7. 28b | 6. 53b | 6. 30b |
| 常规施肥 | 8. 58a | 7. 23ab | 6. 49b |
| 缓释肥 | 7. 52b | 8. 23a | 6. 89a |

注：同一组不同字母表示处理间差异显著（$P<0.05$）。

### 3. 缓释肥施用对花生生长的影响

缓释肥施用对花生主要农艺性状及光合均产生影响。研究表明，与常规施氮相比，施用缓释肥能显著增强花生光合性能，在花期和结实期分别比常规氮肥处理高 15. 0%和 51. 1%。这可能是由于缓释肥的养分释放周期较长，因此在等量施氮的条件下，可以为花生生长中后期提供有效氮素，提高土壤养分的有效性，使氮素供应充足，增强花生叶片光合能力。在气孔导度方面，缓释氮肥处理在开花期最为有效，分别比不施氮和常规施氮处理高 102. 5%和 89. 5%，且在结实期也存在差异。蒸腾速率以及胞间 $CO_2$浓度在各处理间无显著差异（图 6-1）。缓释肥对花生生长特性及干重影响也较大。与不施氮相比，缓释肥施用显著增加了花生的株高，干物质中也较对照有所提高（图 6-2），原因在于花生根系发育良好，缓释肥显著增加了花生根长、根体积，改善了花生根系营养及根形态，进而提高了根系活力，最终促进根系生长和养分吸收和地上部发育（图 6-3）。

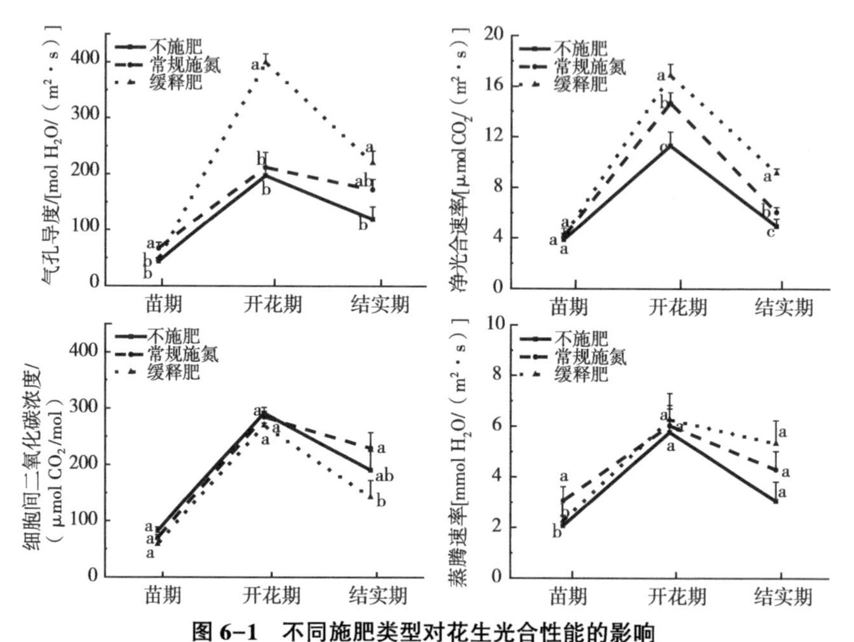


**图 6-1　不同施肥类型对花生光合性能的影响**

注：同一组不同字母表示处理间差异显著（$P$<0.05）。

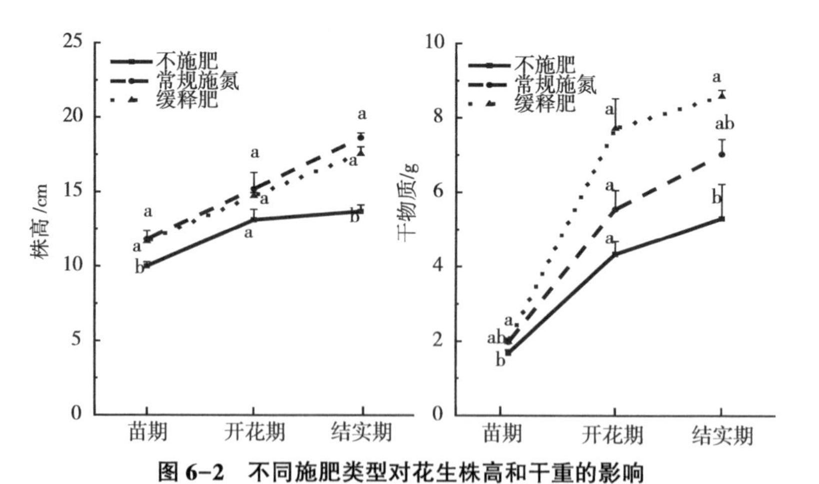


**图 6-2　不同施肥类型对花生株高和干重的影响**

注：同一组不同字母表示处理间差异显著（$P$<0.05）。

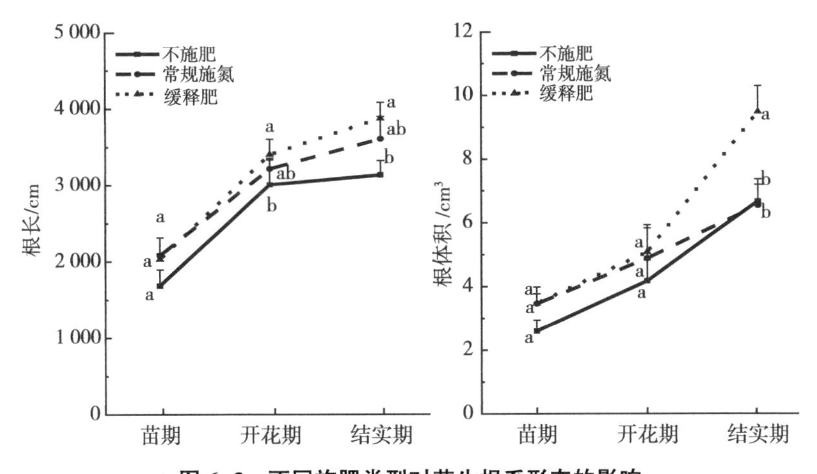


**图 6-3　不同施肥类型对花生根系形态的影响**

注：同一组不同字母表示处理间差异显著（$P<0.05$）。

### 4. 缓释肥施用对花生荚果干物质积累及产量的影响

合理的缓释肥使用可以促进花生荚果的干物质积累，从而提高其产量。适量施用缓释肥可以提高花生的单株结果数、饱果数以及百果重和百仁重，从而增加花生的荚果产量；然而，如果施肥过多，可能会导致花生过度生长，延迟成熟。因此，在施用缓释肥时，需要适当控制施肥量（杨吉顺等，2013；吴鹏等，2022）。

## 二、耕作方式对花生氮磷吸收利用的影响

植物对氮磷的吸收和恢复效率不仅受到土壤固有性质、田间管理和气候的影响，耕作方式也对其有重大影响。在同一个气候带内，耕作方式和土壤的固有特性会显著影响养分的吸收和效率。有证据表明，耕作方式甚至可以改变土壤的性质，从而进一步影响作物的生长、氮磷的吸收和效率。土壤养分有效性与微生物活动及土

壤水分含量密切相关，土壤团聚体除了储存土壤养分和作为土壤微生物的生境外，还关系着农田土壤的水稳定性。耕作方式能够通过对土壤的扰动来影响土壤团聚体的形成，从而进一步影响土壤养分有效性。与常规耕作相比，免耕措施由于减少了对土壤的扰动，可以增加表层土壤团聚体的颗粒直径，促进土壤团聚体形成，但是对中深层土壤作用不明显，此外，免耕能够通过保持土壤表层的植被和有机物质，有助于减少水分蒸发和土壤侵蚀，提高土壤的保水能力（石彦琴等，2010；杨如萍等，2010）。而深耕和深翻等一些需要机械完成的耕作方式虽然破坏了表层土壤结构，降低了表层土壤团聚体的稳定性，不利于表层土壤养分有效性，但深耕、深翻等耕作方式可以使土壤颗粒之间的接触面积增加，有利于中深层团聚体的形成，从而改善土壤结构、通气性和水分渗透性，有利于养分的运输和吸收，为微生物提供更好的生存环境。因此，免耕、深耕、深松等耕作方式对农田土壤养分变化方面影响是一个多因素改变造成的复杂变化过程，因此开展不同耕作方式对花生田土壤氮磷养分有效性及花生生长状况的影响对于进一步明确通过何种耕作方式进一步提高花生氮磷高效利用十分必要。

#### 1. 不同耕作方式对花生氮磷吸收效率的影响

氮磷是花生生长必需的大量元素，花生对氮磷的吸收利用及转运，直接影响花生生育过程，土壤中速效养分含量与植株养分吸收有较高相关性，土壤速效养分含量高可以促进植株对养分的吸收，同时植株对氮磷的吸收与容重有显著相关性，土壤容重越高植株对氮磷的吸收越少。

不同耕作方式对花生对氮磷的吸收特性有显著影响。耕作方式的变化会导致土壤容重的变化，从而影响花生对氮磷的吸收效率。为了促进植物营养吸收和生产效率，同时减轻土壤紧实，可以采取适当的耕作方式。这不仅可以提高作物的地上和地下部分的生长效率，而且可以提高养分利用效率（孟翠萍等，2023；张向前等，2019）。

在花生田中，经过深耕、浅耕和深松处理的氮磷积累量都高于免耕处理，尤其是地下部分的全氮积累量明显高于免耕处理。不同耕作方式下，尤其是深耕，相较于其他方式，花生的氮磷吸收率有显著增加。这可能是由于深层土壤结构和通风的改善，对花生根和荚果的生长起到了极大的促进作用（图 6-4）。

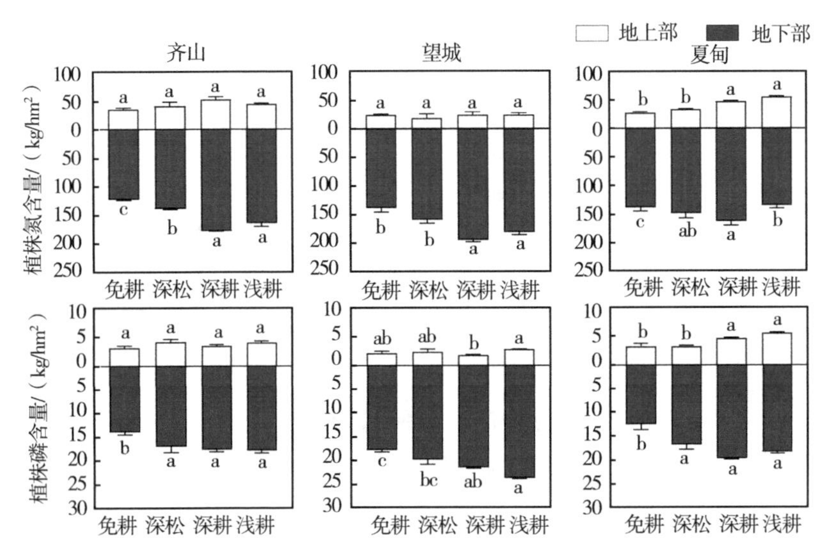


**图 6-4 不同耕作模式下花生的全氮全磷含量**

注：同一组不同字母表示处理间差异显著（$P<0.05$）。

## 2. 不同耕作方式对花生植株生长发育的影响

不同的耕作方式可以改变土壤的理化性质，影响土壤养分的循环和生物学性状，进而影响作物的生长发育。研究发现，深松处理后的土壤能够促进作物平均株高、茎长和茎粗的增长，促进叶片的生长，提高作物的光合作用，增加作物产量。此外，深松还能提高根系的生长，增强根系内的养分同化及代谢水平，提高作物的抗衰老能力。李美善的研究表明，在深耕试验中，30cm 耕深条件下的主根最长、根径最大、单根鲜重最重且侧根数也最多。

浅耕、深耕和深松对花生植株的生长发育有明显的促进作用。与免耕处理相比，花生植株的主茎高、侧枝长、分枝数、主茎叶数、百果重、百仁重均明显增加。其中，浅耕和深耕处理的主茎高和侧枝长比免耕处理高 20.3%~30.2%，百果重和百仁重高 45%~54%。深松处理的主茎高和侧枝长比免耕处理增加幅度较小，分别为 6.5%和 7.9%，但百果重和百仁重仍高 30.4%和 30.2%（图 6-5）。

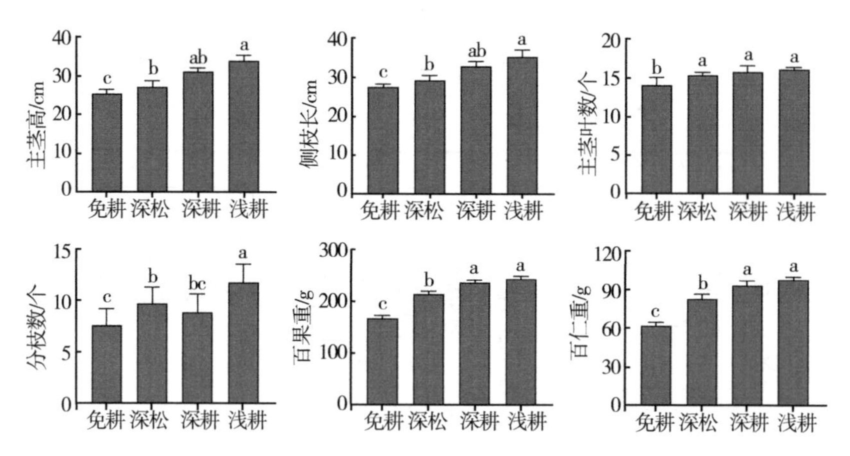


**图 6-5　不同耕作方式对花生植株性状指标的影响**

注：同一组不同字母表示处理间差异显著（$P<0.05$）。

通过浅耕、深耕和深松，可以降低土壤容重，改善土壤的理化性质，从而促进花生植株的生长发育。良好的植株生长能够提高其抗倒伏性，降低早衰率，从而增加光合产物的积累，提高植株的干物质积累。

### 3. 不同耕作方式对花生干物质积累及产量的影响

花生植株的生长发育进程可以通过干物质的不断积累来表现，而花生干物重可以衡量花生同化作用后的产物累积量。花生产量的形成主要依赖于干物重的持续积累（柳维扬等，2006）。

不同耕作方式下，浅耕、深耕和深松均能促进干物质的积累和产量的提高（图 6-6）。总干物重表现为浅耕>深耕>深松>免耕，虽然深耕和深松处理的茎叶干物重积累不如浅耕，但都高于免耕处理。此外，深耕和深松处理下的针壳和果仁积累量显著高于免耕处理，并与浅耕处理相当。这表明深耕和深松处理促进了花生植株养分从营养器官向花生生殖器官转移的程度，从而促进了籽仁干物质的积累。通过干物重积累的比例发现，深耕和深松处理相较于免耕和浅耕处理，果仁的比重都有所增加，这表明深耕和深松有利于干物质向籽仁转移（图 6-7）。

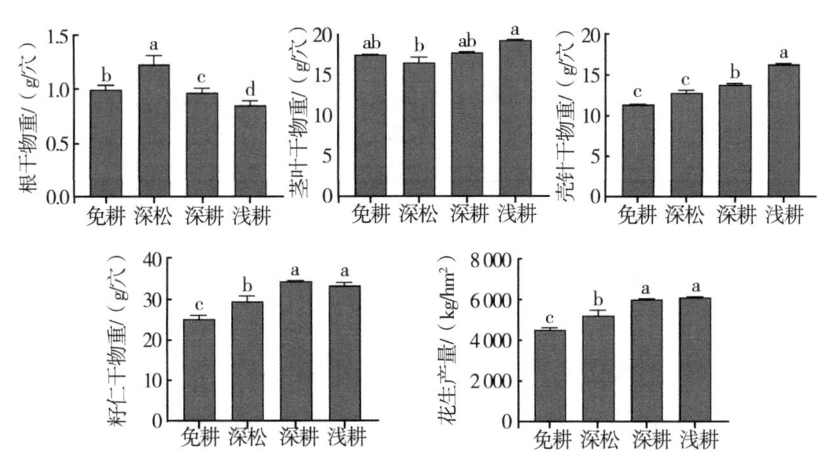


**图 6-6　不同耕作方式对花生干物质积累的影响**

注：同一组不同字母表示处理间差异显著（$P<0.05$）。

深耕、深松和浅耕显著提高了籽仁部的干重，从而显著提高了产量。与免耕相比，浅耕、深耕和深松分别可增产 1 621.0 kg/hm$^2$、1 523.8 kg/hm$^2$、763.6 kg/hm$^2$。

作为改善花生土培环境的重要措施，浅耕、深耕和深松对花生干物重的积累和产量起到了重要作用。

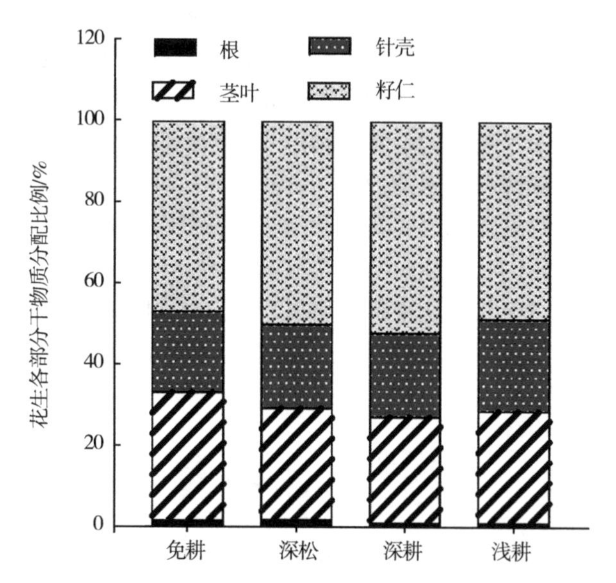


**图 6-7　不同耕作方式对花生各器官干物质重分配比例的影响**

## 三、有机替代对花生氮磷吸收利用的影响

### 1. 有机替代土壤养分及利用率的影响

针对我国花生田长期过量施肥、盲目施肥等现象，花生高效施肥技术越来越受到人们重视，通过合适的肥料种类、合理的施肥量、适宜的施肥时间和有效的施肥方式，改良肥料的供给方式，促进肥料养分的释放，是提高肥料利用效率及减少肥料投入的核心研究内容之一。在传统肥料基础上更新材料来源、养分形态及使用方式等，拓展肥料的功能，常具有复合化、长效化、高效化的特点，从而可改良土壤肥力性状，促进花生生长发育及产量品质形成，同时提高抗盐碱、酸化、瘠薄等逆境能力。研究发现，施用有机肥替代化肥是提高土壤肥力、增加作物产量和建立环境可持续农业的有力措施

(黄鸿翔等，2006)。有机肥向农田土壤中添加大量碳源，提高土壤微生物活性，有助于保持碳投入与产出的平衡，提高土壤碳氮循环能力；有机肥的合理施用可以显著提高土壤碳氮含量和酶活性（王飞等，2011；张世贤，2001；Xin et al.，2009）。

有机肥替代部分化肥是化肥减量增效的主要手段之一，有机肥施入后，可以活化土壤养分、改善土壤微生物群落结构、提高养分供应能力、培肥地力。相关研究表明，有机肥替代化肥比例在20%~30%时，显著提高了作物的生物量和产量，对促进养分吸收作用、提高肥料利用率和土壤肥力具有积极作用（祝英等，2015；李燕青等，2019）。目前化肥有机替代肥主要有生物有机肥、缓控释肥、菌肥等，这类肥料可显著提高土壤有机碳含量，增加土壤微生物活性及培肥土壤，提升作物产量。例如，炭基肥是一种将生物质炭作为基本载体与化学肥料混合或复合造粒制成的一种新型缓释肥料。炭基肥一方面符合生物炭的特征，拥有较大的孔隙度和比表面积，富含高芳香烃结构，能够显著地增加离子交换位点，对土壤中的养分有很强的吸附作用；另一方面炭基肥内化学肥料的投入也可以补充土壤中的有效养分含量。研究发现，施用炭基肥后随施用量的增加，土壤碱解氮含量在花生苗期有明显增加趋势，而对土壤有效磷含量影响不显著（李玥等，2020）。炭基肥对土壤养分的影响可能是因为，生物炭具有较大比表面积的特征，也使其可以对土壤水溶液及 $NH_3$气体等以不同形态存在的氮、磷等养分有极强的吸附作用，降低土壤养分的淋溶和固定损失，从而间接改善土壤肥力状况。此外，炭基肥配施有机肥处理与等养分条件下单施炭基肥的处理在土壤速效养分含量上表现出明显差异。有关研究表明，有机肥与无机肥均具有显著增产效应，同时二者又具有互补效应，单施一种肥料，不能充分挖掘花生的增产潜力（王才斌等，2000）。有机肥的配施能延缓肥效释放，使土壤中的有效养分在花生产量形成过程中最重要的生育时期保持较大的土壤养分含量。但有机肥替代比例并非越高越好，因为配施比例的大小还受到气候因素与土壤肥力因素的影响。土壤肥力水平较低时，如风沙土，过度增加有机肥的投入可能增加微生物的繁殖，进而影响作物对养分的吸收，在有机肥替代比例过高时反而不利于产量增加。

有机肥替代化学氮肥是保障花生固碳增汇和可持续发展的重要举措。花生田多年化肥过量施用和频繁机械化生产极易导致环境污染和土壤碳氮比失衡。研究发现，外源增施小分子有机碳可有效促进植株生长，可直接被植株吸收利用，对环境污染小，无气体排放。研究表明，蔗糖、葡萄糖等外源碳源在土壤养分与作物生长的协调中起着重要作用。添加适当比例的碳源不仅可以增加土壤有机碳的储量，提高土壤生产力，还可以为微生物的生长提供碳源，促进微生物的生长和代谢，提高土壤酶活性（Ning et al.，2021），最终促进根部和植物的营养吸收（Lau et al.，2012；Sun et al.，2022）。通过外源添加小分子葡萄糖调节土壤碳氮比试验发现，土壤碳氮比显著影响花生荚果氮素积累量，与不施氮相比，不同碳氮比均增加了花生荚果氮素积累量，其中以碳氮比为 15 的荚果氮素积累量最大，且收获后土壤残留硝态氮（$NO_3^-$-N）和铵态氮（$NH_4^+$-N）积累量较对照处理显著高于葡萄糖添加处理（图 5-1）。结果表明，有机碳添加可显著增加土壤碳和氮有效性，从而提高土壤酶活性和微生物群落组成，促进植株对土壤养分的吸收积累（Liang et al.，2023）（图 6-8）。

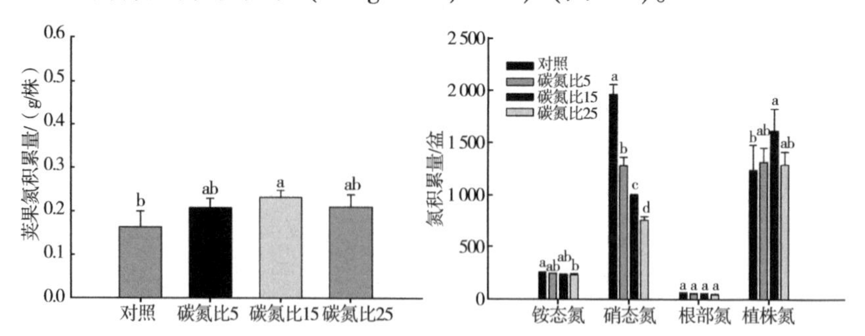


**图 6-8 有机碳添加对土壤及植株氮积累影响**

注：同一组不同字母表示处理间差异显著（$P<0.05$）。

花生作为喜磷作物，对磷的需求量相对也较多，而大量施磷不仅造成磷素利用率低，而且对环境产生巨大压力。如何提高磷利用率，减小大量施磷的环境负效是全国花生生产所面临的重要挑战。研究表明，有机替代部分磷肥可显著促进土壤活性磷和中等稳定性磷组分的增加，增施有机肥能显著提高土壤磷酸酶活性，但增施磷肥会抑制土壤磷酸酶活性（索炎炎等，2018）。与长期施用化肥相比，有机肥、无机肥配施降低了土壤磷的固定，增加了土壤有效磷含量，提高植物对磷的吸收，有效降低磷素耗损量，同时提升了农作物的产量和品质（李想等，2013；许小伟等，2015），因此，有机替代是提高农田磷肥利用率的有效措施。

**2. 有机替代对植株生长发育及养分吸收的影响**

有机物添加可以作为营养物质和能量物质，影响植物根系的生长发育及地上部生长（Hamer et al.，2005）。不同碳氮比有机碳添加结果显示，适宜碳氮比条件下，花生的根长和总表面积显著增加，与不添加碳相比，葡萄糖添加处理的根长和总表面积分别增加2.8%~39.2%和8.3%~45%。根系总体积在各碳氮比处理间也存在显著差异，但对根系总生物量无显著影响，这可能是因为有机碳降低了根尖数的缘故。此外，碳氮比对花生根瘤有正向影响，碳氮比15和碳氮比25处理对花生根瘤数的影响显著高于不添加碳处理。适宜碳氮比添加对花生地上部生长亦有显著影响，与对照相比，外源添加碳源下花生株高、侧枝长均显著增加（图6-9）。有机碳添加显著影响氮素吸收及其在花生各器官的分配比例。与对照相比，外源碳的添加显著促进了花生荚果氮素含量，而茎叶氮含量呈下降趋势，有机碳添加较对照可提高植株氮积累量36.6%，且不同品种间表现相似，这些结果表明，添加有机碳活化了根区土壤养分，提高了植株对氮素的吸收利用，促进了氮素从茎、叶向荚果的转运，进而促进根系及地上部的发育（图6-10）（Liang et al.，2022）。

有机肥替代部分磷肥显著提高花生地上部生物量，适宜磷肥配

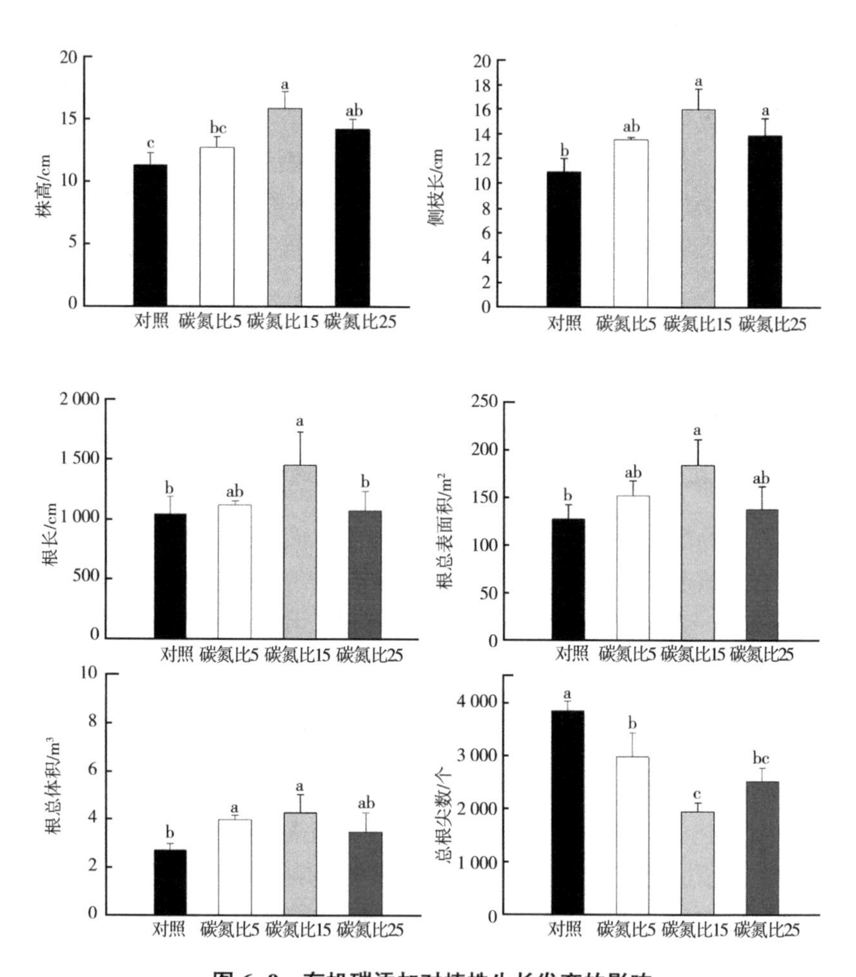


**图 6-9　有机碳添加对植株生长发育的影响**

注：同一组不同字母表示处理间差异显著（$P<0.05$）。

施有机肥能促进花生植株对磷素的吸收，提高地上部和籽粒磷含量，而过量磷肥不利于花生各器官磷含量的提高。主要原因在于适量有机肥可以提高土壤磷酸酶活性，将土壤有机磷矿化成无机磷，促进植物吸收利用。研究还发现，不同梯度磷供应水平下，随有机

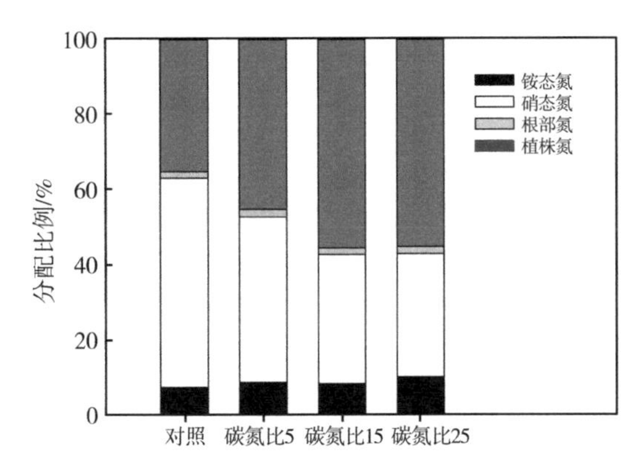


**图 6-10　有机碳添加对土壤-植株养分分配的影响**

肥用量增加，土壤中酸性磷酸酶活性均显著增加；土壤磷酸酶与土壤 $NaOH-P_o$（中等活性磷组分）呈显著的正相关关系，说明 $NaOH-P_o$ 主要来源于有机肥。而同一有机肥用量下，高磷肥用量的土壤酸性磷酸酶活性显著低于低磷用量的处理，说明磷肥用量过高抑制了土壤酸性磷酸酶活性（索炎炎等，2018）。

有机肥替代部分磷肥显著提高花生地上部生物量，适宜磷肥配施有机肥能促进花生植株对磷素的吸收，提高地上部和籽粒磷含量，而过量磷肥不利于花生各器官磷含量的提高。主要原因在于适量有机肥可以提高土壤磷酸酶活性，将土壤有机磷矿化成无机磷，促进植物吸收利用。研究还发现，不同梯度磷供应水平下，随有机肥用量增加，土壤中酸性磷酸酶活性均显著增加；土壤磷酸酶与土壤 $NaOH-P_o$（中等活性磷组分）呈显著的正相关关系，说明 $NaOH-P_o$ 主要来源于有机肥。而同一有机肥用量下，高磷肥用量的土壤酸性磷酸酶活性显著低于低磷用量的处理，说明磷肥用量过高抑制了土壤酸性磷酸酶活性（索炎炎等，2018）。

## 四、叶面喷施对花生氮磷吸收利用的影响

叶面施肥能直接通过叶片进入作物体内，可以在短时间内使作物体内的营养元素大大增加，迅速缓解作物的缺肥状况，发挥肥料最大的效益。通过叶面施肥能够有力地促进作物体内各种生理过程的进展，显著提高光合作用强度，提高酶的活性，促进有机物的合成、转化和运输，有利于干物质的积累，可提高产量，改善品质。叶面施肥是花生根外营养补充的重要方式，对于花生必需营养元素的补给，花生生长发育具有重要作用（万书波，2003；罗盛等，2015）。

### 1. 叶面肥对花生氮吸收利用的影响

氮是植物生长的必需营养元素，是花生生长和增产的主要限制因素（孙虎等，2010；郑永美，2012）。花生是一种需氮作物，外界氮肥对花生生长的促进作用主要在于提供氮素营养，促进蛋白质、核酸等各种含氮化合物的合成。此外，氮肥还能促进花生叶绿素合成、相关酶的合成和光合效率的提高（吴正锋，2014）。在花生营养生长的早期阶段，外源施加氮肥是花生氮素的主要来源。除土壤施肥外，叶面施肥也是重要的氮素补充措施。花生常用的叶面氮肥包括尿素、硫酸铵、硝酸铵和磷酸二铵。叶面施肥能显著促进作物生长发育，提高产量（杨泽敏等，2001；李燕婷等，2009）。

（1）叶面喷施尿素对根系形态、生物量以及叶片生长状况的影响

植株自身形态调节，尤其是地下部根系形态变化对叶面肥的响应与地上部有很大不同（李瑞海等，2008）。一般而言，养分由叶面施肥直接供给后，对土壤的需求减少，能够引起植株由于叶面供给而出现根系生长“懈怠”的状况，这首先表现在根系的长度和表面积减少。罗盛等（2015）对叶面喷施尿素的花生根系形态、

生物量以及叶片生长状况进行研究发现，直径<0. 5 mm 根长和表面积相比未施尿素处理分别下降了 24. 14%和 14. 95%；而直径>0. 5 mm 根长、根表面积和根体积在两种处理之间无显著差异（表 6-3），这说明叶面喷施尿素主要限制了地下部细根的伸长和扩展。此外，喷施尿素对花生地上部、地下部生物量及根冠比也产生很大影响。与未喷施尿素相比，花生叶面喷施尿素导致地下部根重下降 26. 51%，而地上部苗重增加 23. 86%，根冠比显著下降（表 6-4）。

**表 6-3　叶面喷施尿素对花生不同直径根系形态的影响**

| 指标 | | 未施尿素 | 喷施尿素 | *t* 值 | *P* 值 |
| --- | --- | --- | --- | --- | --- |
| 总根长/cm | <0. 5mm | 6 186. 66±207. 29 | 4 693. 08±132. 98 | 6. 06 | 0. 004** |
| | 0. 5~1. 0mm | 2 241. 01±102. 73 | 1 725. 99±161. 93 | 2. 69 | 0. 054 |
| | >1. 0mm | 754. 55±116. 44 | 486. 50±45. 38 | 2. 14 | 0. 098 |
| 根表面积/$cm^2$ | <0. 5mm | 499. 61±9. 28 | 424. 93±17. 56 | 3. 76 | 0. 020* |
| | 0. 5~1. 0mm | 481. 56±26. 27 | 365. 41±34. 63 | 2. 67 | 0. 056 |
| | >1. 0mm | 381. 69±70. 50 | 243. 12±27. 80 | 1. 83 | 0. 142 |
| 根体积/$cm^3$ | <0. 5mm | 4. 19±0. 05 | 3. 75±0. 18 | 2. 35 | 0. 078 |
| | 0. 5~1. 0mm | 8. 54±0. 54 | 6. 38±0. 61 | 2. 65 | 0. 057 |
| | >1. 0mm | 19. 01±4. 32 | 11. 88±1. 82 | 1. 52 | 0. 203 |

注：* 表示 $P<0.05$；** 表示 $0.01<P<0.05$。

**表 6-4　叶面喷施尿素对花生根系形态及生物量的影响**

| 指标 | 未施尿素 | 喷施尿素 | *t* 值 | *P* 值 |
| --- | --- | --- | --- | --- |
| 根重/g | 2. 64±0. 32 | 1. 94±0. 02 | 2. 18 | 0. 095 |
| 苗重/g | 6. 16±0. 62 | 7. 63±0. 62 | −1. 69 | 0. 167 |
| 根冠比 | 0. 43±0. 01 | 0. 26±0. 02 | 6. 64 | 0. 003** |
| 总根长/cm | 9 182. 22±343. 42 | 6 905. 56±153. 56 | 6. 05 | 0. 004** |

（续表）

| 指标 | 未施尿素 | 喷施尿素 | $t$ 值 | $P$ 值 |
| --- | --- | --- | --- | --- |
| 根表面积/$cm^2$ | 1 362. 86±99. 30 | 1 003. 46±32. 64 | 3. 15 | 0. 034 * |
| 根体积/$cm^3$ | 31. 73±4. 87 | 22. 01±1. 61 | 1. 89 | 0. 131 |

注：* 表示 $P$<0. 05；** 表示 0. 01<$P$<0. 05。

叶面喷施尿素后，由于花生地上部分氮素营养状况显著提升，叶片中叶绿素含量增加，光系统 PSII 反应中心内部的光能转换效率得到明显提升（许大全，2002；求盈盈等，2005）。与对照相比，喷施尿素后花生叶面积、SPAD 值和净光合速率分别增加25. 9%、34. 6%和 53. 0%。叶面积和净光合速率的增加促进了花生生长发育，有利于干物质的累积，从而使得花生干重（尤其地上部茎叶）增加（表 6-5）。

**表 6-5　叶面喷施尿素对花生叶片生长的影响**

| 指标 | 未施尿素 | 喷施尿素 | $t$ 值 | $P$ 值 |
| --- | --- | --- | --- | --- |
| 叶面积/$cm^2$ | 636. 56±52. 77 | 801. 61±34. 66 | −2. 61 | 0. 059 |
| SPAD 值 | 35. 60±1. 47 | 47. 93±0. 58 | −7. 78 | 0. 002 ** |
| 净光合速率/[$\mu$mol $CO_2$/($m^2$ · s)] | 8. 43±1. 31 | 12. 90±0. 23 | −3. 35 | 0. 028 * |

注：* 表示 $P$<0. 05；** 表示 0. 01<$P$<0. 05。

（2）叶面喷施尿素对氮素吸收的影响

叶面喷施尿素对花生氮素吸收表现出明显的“上促下抑”现象。与未喷施尿素相比，喷施尿素使花生总氮吸收量增加51. 22%，茎部和叶部氮累积量增加 77. 95%和 85. 80%，而根部氮累积量下降 14. 18%（罗盛等，2015）（表 6-6）。

**表 6-6　叶面喷施尿素对花生不同器官氮素吸收的影响**

单位：mg/盆

| 吸收器官 | 未施尿素 | 喷施尿素 | $t$ 值 | $P$ 值 |
|---|---|---|---|---|
| 根 | 60.57±6.93 | 51.98±1.42 | 1.22 | 0.291 |
| 茎 | 44.62±5.74 | 79.40±11.12 | −2.78 | 0.049* |
| 叶 | 80.01±6.31 | 148.66±9.89 | −5.85 | 0.004** |
| 总和 | 185.19±18.44 | 280.04±19.70 | −3.51 | 0.025* |

注：* 表示 $P<0.05$；** 表示 $0.01<P<0.05$。

## 2. 叶面肥对花生磷吸收利用的影响

磷是花生生长必需的营养元素，是核酸、核苷酸、蛋白、磷脂等重要组成成分（李燕婷等，2009）。在农业生产中，花生对磷的需求相对较高，但磷在土壤中容易受多种机制被固定，如吸附、化学固定和生物固持（郑亚萍等，2014；徐明岗等，2005），使花生整体对磷的吸收利用效率偏低。养分能够以叶面角质层、气孔和细胞的质外连丝 3 条途径通过叶面进入植物体内，花生植株的叶片数量较多、叶面积较大，因此通过叶面喷施磷肥是补充花生磷素营养、促进其对磷的吸收的重要举措（梁雄等，2011；沈浦等，2016；张铭光等，1998；Wójcik，2004）。目前，叶面磷肥的种类主要包括过磷酸钙、过磷酸钙、磷酸二氢钾、磷酸铵和硝酸磷肥等。这些叶面磷肥中含有植物所必需的磷元素，可以提供花生生长所需的磷营养，有效促进花生生长发育，提高抗逆性。

（1）叶面磷肥对花生植株地上及地下部分磷浓度的影响

花生不同组织部位对磷的吸收利用效率不同，因此叶面供给磷肥的磷吸收利用程度存在一定的差异性。沈浦等（2015）比较叶面施加磷肥对苗期花生植株各部分磷浓度的影响发现，与对照相比，喷施叶面磷肥使叶片磷浓度增加了 46.9%，茎磷浓度增加 25.7%，根部磷浓度未发生显著变化，表明叶面施加磷肥可能由于肥料作用组织及途径等因素，主要提高花生地上部茎叶磷的含量

（图 6-11）。

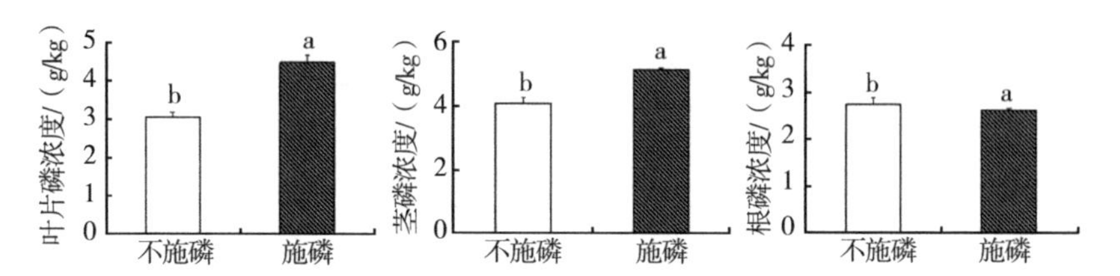


**图 6-11　喷施不同酸碱度叶面磷肥下花生根、茎和叶片磷浓度变化。**

注：不同字母表示各处理间差异达到显著性水平（$P$<0.05）。

（2）叶面磷肥对苗期花生干物质量和磷吸收分配比例的影响

作物的根际营养与根外营养都是获取养分的重要途径，两者相互统一又相互竞争抑制，沈浦等（2015）研究表明，与未施加叶面磷肥相比，叶面磷肥提高了地上茎叶干物质质量，降低了根干物质质量；在降低根部磷吸收比例的同时，茎叶总磷吸收比例比对照显著增加了 6.8%~7.6%，可见，而地上部的养分供给减少了养分向地下部的运输分配比例（表 6-7）。

**表 6-7　喷施叶面磷肥下花生各部位干物质量和磷含量分配比例状况**

| 处理 | 干物质 | | | | | | 磷 | | | | | |
|---|---|---|---|---|---|---|---|---|---|---|---|---|
| | 叶片 | | 茎 | | 根 | | 叶片 | | 茎 | | 根 | |
| | 质量/g | 占比/% | 质量/g | 占比/% | 质量/g | 占比/% | 含量/mg | 占比/% | 含量/mg | 占比/% | 含量/mg | 占比/% |
| 不喷施叶面磷肥 | 2.6±0.3a | 48.8±3.8a | 1.5±0.1a | 28.2±2.1a | 1.2±0.1a | 23.0±1.7a | 7.9±0.7a | 45.5±2.5a | 6.1±0.3a | 35.3±1.7a | 3.3±0.1a | 19.2±0.8a |
| 喷施叶面磷肥 | 2.0±0.2a | 47.4±1.6a | 1.4±0a | 33.4±2.1a | 0.8±0b | 19.2±0.5ab | 8.7±0.7a | 48.9±1.8a | 7.0±0.1a | 39.5±2.5a | 2.1±0.2c | 11.6±0.8c |

注：%表示各部分所占植株总体的百分率；不同字母表示各处理间差异达到显著性水平（$P$<0.05）。

（3）叶面磷肥对花生根系形态学指标的影响

叶面磷肥施加不仅能影响花生不同组织部位生物量和磷含量，

还会对花生根系形态结构产生一定的影响。沈浦等（2015）研究发现，根系形态结构敏感响应叶面磷肥。与未施加叶面磷肥相比，施加叶面磷肥导致花生根系形态学指标（总根长、总根表面积和总根体积）下降（图 6-12），施加叶面磷肥幼苗根系总长度、总根表面和总根体积比对照分别降低了 125.1 cm、194.5 $cm^2$ 和 3.8 $cm^3$。

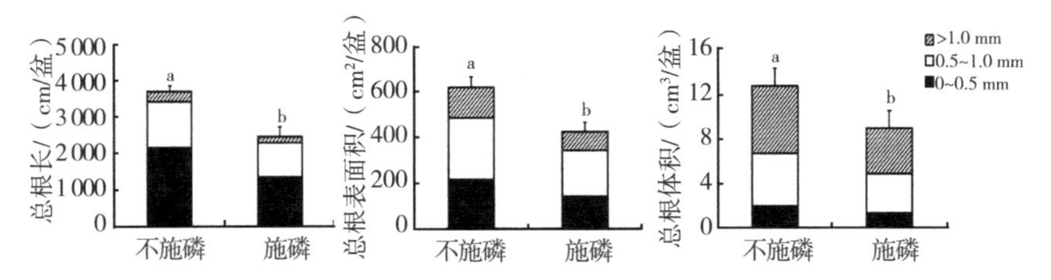


**图 6-12　喷施叶面磷肥下花生根系形态学指标的变化。**

注：不同字母表示各处理间差异达到显著性水平（$P<0.05$）。

# 第七章　花生氮磷高效利用需求与管理技术策略

花生是我国重要的油料作物和经济作物，总产居全国油料作物之首，占50%以上；其产品富含脂肪和蛋白，有极高的营养价值和经济价值；其生产状况关乎我国粮油安全。花生氮磷高效利用理论与技术的需求包括花生氮磷营养高效花生品种的选育、土壤养分平衡与精准施肥、肥料选择与调控、土壤生物参与生态调控、农业生态系统优化与循环利用，以及技术创新与科学研究。通过实现这些需求，可以提高花生对氮磷养分的利用效率，实现花生产业可持续发展。

## 一、未来花生氮磷需求概况

近十年来，我国花生总产量从2013年的1 620万t增加到2022年的1 830万t，年均增长率为1.364%。随着种植面积的扩大、新品种的推广以及施肥水平的提高，我国花生产量一直稳步增长。未来花生氮磷的需求随着氮磷高效利用品种的推广、新型肥料的施用以及农艺水平的提高，存在增长减缓持平甚至降低的可能性。

### 1. 未来氮肥需求情况

从氮肥供需情况来看，据统计，2015—2018年中国氮肥需求量下降，2019年中国氮肥表观需求量为2 300.8万t，2020年中国氮肥表观需求量为2 192.6万t，同比下降了4.7%，受经济作物高效氮利用品种、新型肥料等的发展，氮肥需求可能不会再大幅增长。

### 2. 未来磷肥需求情况

2014年以来，我国磷肥施用量持续下滑，由2014年的845.34万t下降至2021年的627.15万t，创近年来新低，主要原因系2015年国家发布《到2020年化肥使用量零增长行动方案》，以产品安全、资源节约、环境友好的现代农业为发展目标，大力推进新型肥料发展，控制传统化肥施用量。

## 二、制约氮磷高效利用的限制因素

### 1. 花生种质资源开发不足及生产用种不规范

我国存在丰富的花生种质资源，花生不同品种及基因型间氮磷利用率相差较大，不同品种类型花生氮利用率相差7.6%~8.3%，根瘤菌固氮率相差5%~23%。花生种质氮磷利用效率存在广泛的遗传变异（万书波，2001）。现阶段，我国基于已有的种质资源筛选氮磷高效花生相关品种资源及培育氮磷高效品种进程相对缓慢，而已培育出的多个氮磷高效利用的品种在实际生产中由于种植者对花生品种的选择缺乏科学指导，导致品种一年一换或常年使用自留种，使已育成的氮磷高效品种未能充分发挥作用。种质资源开发的欠缺及农民制种用种的不规范是制约我国花生氮磷高效品种发展与推广的重要因素之一。

### 2. 花生氮磷高效分子生理机制研究不足

花生氮磷高效是一个多基因调控的复杂性状，包括氮磷吸收、转运及再分配等多个生物学过程，尽管目前研究已取得一定的进展，如Yang等（2022）通过转录组和代谢组学揭示了花生植株对氮响应的关键基因及相关生物学代谢过程，Wang等（2022）挖掘了花生硝酸盐吸收的关键基因家族 *NRT*，Wu 等（2022）构建了磷胁迫 miRNA-mRNA 分子调控网络。但目前对于花生氮磷高效分子生理机制的尚处于起始阶段，未针对关键基因功能进行进一步的深入功能研究和有效转化，大批决定性的关键功能性基因尚未挖掘成为制约花生植株氮磷高效利用的又一关键因素。

### 3. 土壤肥力管理缺乏严格把控

氮素是养分循环和转化中表现最活跃的因子，土壤氮素受多种因素的影响，在不同的地区所表现出的影响程度是不同的。由于种植结构，区域环境及农田管理方式不同，我国花生田目前存在农田氮素亏缺、基本平衡和盈余 3 种状况并存的局面。生产中针对不同地区对氮肥的投入量缺乏明确的指导，对氮肥投入不足导致不能满足花生生长需求，而对氮肥的过量投入又在抑制了花生自身的共生固氮效率的同时增加了氮素向外部流失的风险并给环境造成压力。农田土壤氮素平衡状况已成为优化农田氮素管理措施的重要目标。

土壤是巨大的磷库，在供给花生磷需求方面发挥重要的作用。农田土壤磷形态受施肥、管理措施影响较大。土壤中磷按存在形态可分为有机态磷和无机态磷，对花生来说，植株可吸收利用的磷主要为无机态的 $H_2PO_4^-$ 和 $HPO_4^{2-}$。从农田土壤磷活性来看，潜在有效磷的转化包括活化和钝化两个过程，前者向有效磷含量增多方向变化，而后者向难利用态磷转化，这些过程伴随着磷素的物理、化学和生物学变化，常常受到土壤性质及环境等各方面因素的影响。已有的研究证明，在适宜种植花生的农田中，土壤全磷浓度总体为 0.5~1.0 g/kg，有效磷浓度总体为 10~30 mg/kg。每公顷花生田土壤潜在有效磷量为 625~1 250 kg。因此，在花生田自身土壤潜在磷资源丰富的前提下，如何从一味地从磷肥高投入转变为促进土壤磷循环，增加潜在有效磷转化成为制约土壤磷高效的重要因素。

### 4. 长期不合理的肥料措施

施肥不当已成为限制我国花生持续增产增效及生态安全的主要障碍因素之一。我国花生施用传统肥料现象比较普遍，存在盲目施用现象，主要表现在施肥种类、施肥量及施肥时期不当 3 个方面(万书波等，2000)。就施肥量而言，作物高产普遍建立在肥料高投入的基础上，这是目前我国肥料施用的基本现状，通过过量施肥以保证作物养分充足供应的现象普遍存在。大量化肥养分积累在土壤中或损失到环境中，造成了资源浪费和环境污染，高产施肥的环境矛盾突显。就施肥种类而言，长期单一的传统氮磷肥投入导致养分利用率低，环境成本增高。新型肥料如生物炭复合肥，微生物菌肥复合肥，腐殖酸复合肥等，通过将传统氮肥、磷肥、钾肥、复合肥等产品复配或转型升级，使其营养功能得到提高或使之具有新的特性和功能，能够实现稳定高效、绿色增产、环境友好等目标。就目前而言，新型肥料的使用率远远没有达到预期。就施肥时期而言，一次性肥料投入现象普遍存在，缺乏不同生育期精准施肥策略。研究发现花生不同生育期存在显著的养分偏好性差异。不同生育期花生对氮肥的利用在结荚期最高，其贡献率占全生育期的50%以上，花针期次之，约占全生育期的 30%，苗期和饱果期相近，贡献率不足 10%。花生对磷肥的需求表现为前期少，中后期增多。在实际农业生产中，碍于人力及器械使用资源成本，我国花生田普遍采用播种时一次基施大量肥料，肥料难以根据花生不同生育期的特异需求而满足差异化、精准化养分供给，造成花生初期肥料过于充足而导致苗期植株徒长，后期肥料供应不足导致植株早衰和荚果空秕等。

## 三、氮磷高效管理技术策略

花生氮磷高效涉及植株氮磷高效和土壤氮磷高效两方面，因此花生氮磷高效管理技术策略应紧紧围绕花生-土壤系统展开，从花生氮磷高效种质资源优化、花生氮磷高效利用基因挖掘、氮磷高效新型肥料开发应用、土壤氮磷肥管理及氮磷高效多样化种植技术角度，提出了氮磷资源高效利用的优化组合策略，为提高花生产业生态系统氮磷高效利用提供了新途径。

### 1. 花生氮磷高效花生品种的筛选与利用

不同品种花生的氮磷吸收利用效率及固氮能力有显著差异。氮磷营养基因控制的遗传差异可引起氮磷肥利用率差异，同种作物内基因型的改善可使肥料利用率提高 20%~30%。可以通过筛选培育氮磷高效利用品种适应低氮磷水平来促进花生对土壤现有氮磷的高效利用。如孙俊福等（1989）应用$^{15}N$示踪技术，研究了不同类型花生品种对氮素化肥吸收利用率的差异。结果表明，花生氮素当季吸收利用率 51.5%~60.4%，珍珠豆型（鲁花 3 号）最高>龙生型（西洋生）>多粒型（四粒红）。山东省花生研究所（2010）以不同基因型花生产量平均值和氮肥利用率平均值为标准，筛选出 5 个高产高效型品种，分别为：石龙红、海阳四粒红、PI259747、潍花 8 和花育 22 号。万书波等（2000 年）的研究表明，根瘤固氮是导致不同品种花生氮积累量差异的主要因素，根瘤固氮所提供氮源直接决定了花生的氮积累量。郑永美等（2011）也认为选用氮高效或根瘤固氮效率较高的品种是花生提升氮肥利用率的有效措施；试验表明，花育 22 号、鲁花 14 号等几个品种氮效率较高，潍花 8 号、丰花 1 号等几个品种根瘤固氮能力较强。郑永美等（2019）后续也探讨了花生品种根瘤固氮效率及其与产量的相关性，发现根瘤鲜质量、内含物质和固氮量等指标与产量均呈极显著正相关，这表明根瘤固氮的生理指标与根瘤供氮能力以及最终产量密切是相关的，提高上述指标有助于同时实现高产和化肥的减施。

选育氮磷高效的花生品种是氮磷管理的重要手段。不同环境条件下，花生品种的选育要根据实际情况进行确定，可按照以下 3 方面原则进行：①氮磷亏缺条件下，能够通过根系形态学变化、株型变化等增加氮磷吸收的花生品种，即耐氮磷亏缺型；②同等供氮、磷量下，氮磷吸收量大、利用率较高的花生品种，即氮磷高效利用型；③生产单位荚果需要氮磷较少的品种，或每吸收单位氮磷生产合成荚果较多的品种，即氮磷高效转化型。花生氮磷高效花生品种选育主要技术如下。

（1）引种

花生氮磷高效品种的引种是通过从国外或者外地引进具有氮磷高效特性的花生种质资源，扩大遗传基础，为后续育种工作提供多样性和新的遗传变异。通过对引进的花生种质资源进行评价和筛选，可以选择出具有较高氮磷利用效率的优良品种。

（2）系统育种

基于现有的品种群体，通过对农艺性状良好的花生不同株系，品系及品种资源逐代进行系统的遗传改良和选择，最终获得氮磷高效性优质品种。系统育种包括对花生的遗传背景、性状表现、遗传变异等进行深入研究，通过选择具有较高氮磷利用效率的亲本进行杂交和后代选择，逐步提高花生的氮磷高效性。

（3）杂交育种

通过选择具有较高氮磷利用效率的亲本进行杂交，利用杂种优势提高花生的氮磷高效性。通过对亲本的遗传背景和性状进行评估和选择，选择具有互补优势的亲本进行杂交，产生具有较高氮磷利用效率的杂种。随后，通过后代选择和群体选育，进一步提高花生的氮磷高效性。

（4）诱变育种

诱变育种是通过诱发花生种质资源的遗传变异，筛选出具有较高氮磷利用效率的突变体。诱变可以通过物理或化学手段诱发花生种子或组织的突变，产生新的遗传变异。通过对诱变体进行筛选和评价，选择出具有较高氮磷高效性的突变体，进一步进行后代选择和群体选育，最终获得氮磷高效的花生品种。

综上所述，花生氮磷高效花生品种的选育可以通过引种、系统育种、杂交育种和诱变育种等多种手段进行。这些方法可以提高花生的氮磷利用效率，减少对氮磷肥料的依赖，提高花生的产量和品质，促进农业的可持续发展。

**2. 花生氮磷高效基因挖掘**

氮磷营养基因控制的遗传差异可引起氮磷肥利用率差异，同种作物内基因型的改善可使肥料利用率提高 20%~30%。通过深入挖掘花生氮磷高效基因，拓展花生氮磷高效利用的生理调控途径、基因调控网络和分子机制研究，分析与氮磷高效利用相关的基因表达和调控网络，从分子水平进行不同花生品种氮磷利用和固氮能力评价，在进一步摸清花生氮磷养分效率、遗传差异及其生理生化机制的基础上，找到适应营养高效的特异机理，为选育氮磷高效利用的花生品种提供理论和技术支持。根据筛选氮磷高效利用主效基因结果，针对性地培育氮磷高效品种，能够更多地利用土壤有效氮磷，增加花生对氮磷的吸收利用。氮磷高效基因挖掘的主要方法策略如下。

（1）遗传资源收集及多样性评估

不同种质资源具有丰富的遗传多样性，可能包含一些具有氮磷高效性的基因型。收集来自不同地理区域和生态环境的花生种质资源并对收集到的花生种质资源进行遗传多样性评估，从养分高效利用株型及根系形态学、氮磷高效转化生理学和氮磷吸收转化分子生物学等方面的评价，筛选出具有较高氮磷高效性的种质资源作为氮磷高效基因后备资源。

（2）关联分析和基因组学研究

氮磷高效利用是由多基因控制的复杂性状，利用关联分析和基因组学研究方法，探索花生中与氮磷高效性相关的基因和遗传变异。这些方法可以帮助确定与氮磷高效性相关的候选基因和分子标记，为后续的基因挖掘和利用提供依据。

（3）基因挖掘和功能验证

通过基因克隆、转基因技术和基因编辑等方法，挖掘和验证与氮磷高效性相关的基因，明确这些基因的功能及作用途径，了解这些基因在花生中的功能和调控机制，为进一步的基因利用和育种提供基础。

通过以上方法和策略，可以挖掘和利用花生中的氮磷高效基因资源，加速育种进程，提高育种效率，为花生的氮磷高效育种提供科学依据和技术支持。这将有助于提高花生的产量和品质，减少农业对氮磷肥料的依赖，促进农业的可持续发展。

### 3. 氮磷高效新型肥料开发

新型肥料区别于传统、常规肥料，在传统肥料基础上拓展了功能，更新了形态、制造材料及应用方式等，具有高效化、复合化和长效化等特点，其优越性体现在能够改良土壤理化性质，提高花生氮磷养分利用效率，提升花生产量和品质，对花生抗寒、抗旱和抗盐碱等方面也有积极的促进作用。目前常用的新型肥料如下。

（1）缓/控释肥

缓/控释肥是指根据作物需求规律，通过不同高分子材料包膜等技术缓慢释放养分，实现一次性施肥满足整个生长期的需求的新型肥料。缓/控释肥可以通过控制肥料中养分的释放速度和时机，使氮磷养分供应与花生需求相匹配。避免养分的过度供应或缺乏，提高养分利用效率。与此同时通过缓慢释放养分，可以降低养分的淋溶和渗漏，减少对地下水和水体的污染。此外，缓/控施肥能够减少肥料的频繁施用，降低施肥成本，并提高施肥效率。由于养分的缓慢释放，植物可以更好地吸收和利用养分，减少养分的浪费。

（2）商品化有机肥

商品化有机肥既有无机肥为花生提供营养基础的功能，又有有机肥促进微生物生活、提高酶活性的作用。相对传统无机肥，施用商品化有机肥后细菌、放线菌和真菌数量全生育期平均值分别提高

114.9%、49.0%和29.0%，土壤脲酶、蔗糖酶、酸性磷酸酶、过氧化氢酶活性及土壤呼吸速率显著提高，对于土壤肥力、花生产量提高效果明显。缓控释肥实现了肥效与花生生长周期的协同，减少对花生结瘤的抑制作用，提高花生产量。

（3）增值肥

增值肥即在传统肥料基础上加入海藻类、腐植酸类、氨基酸类等增效剂构成的复配型肥料，用以改良土壤理化性质，使作物增产增效。田间试验表明，使用生物炭和炭基复合肥，能够改良土壤酸碱度，提高有机碳和氮含量，起到类似秸秆还田的作用。海藻肥和多效肥搭配施用，可以克服单施多效唑在增产同时花生籽粒品质降低的弊端，达到优质高产。腐植酸类肥料对植物生长有明显的刺激作用。

（4）水溶肥

水溶肥是传统肥料的变体，把花生需要的养分搭配在液体或固体水溶的肥料里，借助花生叶面及荚果可以吸收养分的特性，用于叶面施肥等；而搭配保水剂等的功能性肥料也可用来改良土壤理化性状，充分发挥花生水肥耦合特性，使花生抗旱保水的同时增强花生对氮磷养分的吸收利用效率。

（5）生物菌肥

生物菌肥是以微生物的生命活动导致作物得到特定肥料效应的一种制品。微生物在花生田氮磷养分循环利用中扮演着重要角色。利用土壤中的有益微生物，如固氮菌、磷溶解菌等，促进氮磷的转化和提供。土壤中固氮菌能够将大气中的氮气转化为植物可利用的氮，供给花生植株的生长和发育。这种共生关系能够提供花生所需的氮源，减少对化肥氮的依赖，实现氮的循环利用。在花生田中存在的溶磷菌分泌的乳酸和α-酮基葡萄糖酸能有效溶解磷酸盐，酸化、螯合土壤中的难溶性磷；解磷细菌都能溶解Ca-P化合物，释放出磷酸盐，提高土壤中磷的有效性，促进花生对磷的吸收和利用，实现磷的循环利用。土壤中的芽孢杆菌能够通过分解有机物质和产生胞体黏合物质，能够改善土壤的结构和质地，促进水分和养分的渗透和保持，提高土壤的养分供应能力和保持能力，促进花生对氮磷等养分的吸收和利用。此外，土壤中的菌根真菌能够增加了作物根系与土壤的接触面积和能穿过根际氮磷的亏缺区，吸收利用对作物根系自身是空间无效的那部分氮磷素，从而增加了植物对土壤氮磷的利用。研究表明，连年大量施用化肥使土壤盐碱板结、土壤结构被破坏，特别使分解病虫的拮抗微生物、解磷菌、解钾菌以及平衡土壤养分的有益微生物受到抑制和破坏，花生根腐病、缺铁性黄叶病及蛴螬等病虫害呈逐年加重的趋势，给花生生产造成严重障碍。目前研究发现，含有芽孢杆菌包括胶质芽孢杆菌和枯草芽孢杆菌、嗜热侧孢霉等的生物肥具有全价营养、驱虫防病的功效。

因此，新型肥料不仅有传统肥料提供作物生理营养基础的功能，还可以保护土壤结构，改良土壤理化性质，提高肥效，实现花生栽培可持续发展。

### 4. 氮磷高效肥料管理策略

花生对氮磷的需求与土壤肥料的供氮磷强度、容量之间存在着不同步性和不协调性，这就要求花生田合理施用氮磷肥。中心原则是施肥量应根据大田状况和目标产量进行。明确花生的养分需求，通过土壤测试等科学手段准确评估土壤中氮磷含量，确定合理的施肥量和施肥时机，实现养分平衡和精准施肥。避免过量施肥和养分缺乏，提高养分利用效率。

（1）确定适宜的氮磷肥料施用量

氮肥优化调控的核心是确定适宜的氮肥用量。关于适宜氮肥用量的确定，国内外有很多研究，综合起来主要有基于田间试验的肥料效应函数法、土壤测试法、养分平衡法和植株营养诊断法等（张福锁，2006）。肥料效应函数法是建立在田间试验–生物统计基础上的计量施肥方法，它借助于施肥量田间试验，确定施肥量和产量之间的数学关系，可以确定作物的最高和最佳施肥量等施肥参数，可以直观地反映不同元素的肥效，具有精确度高、反馈性好的特点。拟合作物产量和施氮量的关系的函数有多种，Cerrato 等（1990）研究发现，线性加平台和二次项加平台能更好地拟合产量和施氮量的关系。

花生田大量的磷素以当季难利用态存在于土壤中。自 20 世纪 90 年代以来，特别是长期、连续的施肥已使土壤总磷量和潜在有效磷量提升较多。今后研究中需要结合土壤中各种物理、化学、生物学过程，探究促进这些潜在有效磷释放的机理，尤其是不同类型花生田微生物活化磷的机制和效果。在机理探索同时，建立与之相适应的花生田间管理技术体系，促进潜在有效磷的活化，使之成为花生当季能够利用的有效磷，减少外源磷的投入和随之而来的环境问题。

（2）按需供肥

花生对氮磷的需求具有明显的生育期特异性，然而目前的花生生产过程中由于地膜覆盖栽培及地下结果等原因不便追肥，多在播种前一次性施肥，造成前期旺长倒伏，后期脱肥早衰，叶斑病加重，落叶早，荚果充实性差，影响产量和品质。针对这一问题，农业科技工作者根据花生生长不同环境及养分条件，通过土壤测试和营养需求分析，探索出分次施肥、分层施肥、施用控释肥等缓释长效肥料，延缓肥效期，增强中后期肥效，可以控制前期旺长，防止后期脱肥早衰，提高肥料利用率，降低肥料对环境的污染。缓释氮肥能够有效将肥效后移，在花生植株生长初期充分发挥根瘤的供氮能力，提升生物固氮能力，在花生需氮肥量最高的生殖期大量供氮，保证花生的产量。

（3）合理肥料配比

选择适合的氮磷肥料类型和配比，根据花生的需求和土壤的特性，合理配置氮磷肥料。适当投入氮肥，充分发挥花生自身生物固氮潜力，合理施用磷肥，通过一定措施活化土壤潜在有效磷。在花生的生长期，氮磷肥料的配比可以根据花生的养分需求进行调整。

一般建议氮磷比例为 1∶1.5 或 1∶1.2 和 1∶1。在花生的结荚期，氮肥的需求相对较高，可以适当增加氮肥的施用量。建议氮磷比例为 1∶1.5 或 1∶2。需要注意的是，氮磷肥料的配比也应根据具体的土壤养分状况和花生的生长环境进行调整。如果土壤中的氮含量较高，可以适当减少氮肥的施用量；如果土壤中的磷含量较高，可以适当减少磷肥的施用量。此外，还应考虑其他养分的供应，如钾肥、微量元素等，以保证花生的全面营养供应。最佳的氮磷肥料配比可能因地区、品种和土壤条件的不同而有所差异，因此建议在实际施肥过程中，根据土壤检测结果和农业专家的建议进行调整和优化。

（4）新型肥料应用

新型肥料（包括缓/控释肥、水溶肥和微生物菌肥等）的应用也为绿色施肥模式提供了助力。绿色施肥模式的推广应用在提供植物所需养分的同时，改善土壤结构和提高土壤肥力，有助于实现花生产业的可持续发展。缓/控释肥通过特殊的包膜或结构，使养分以缓慢释放的方式供应给植物。因此缓/控释肥具有提高肥料利用率、提高作物产量、调节土壤养分及理化性状等功能。对于花生的生长发育，缓/控释肥能够根据其不同发育时期的需肥特征提供持续的养分供应，促进花生的根系发育和果实形成。叶面水溶性肥料是一种能够通过叶片吸收的肥料，具有快速、高效的特点，能够通过叶片表面的微细孔进入植株体内，直接补充植物叶片上的养分，提供植物所需的营养元素，促进植物的生长发育。叶面水溶肥料可以广泛用于喷滴灌等设施农业，有利于实现水肥一体化，提高养分利用效率，同时减少土壤中的养分浪费。花生叶片具有很强的吸肥功能。采用叶面施肥具有肥料吸收率高、节约用肥、增产显著的效果，特别对花生缺素症有很大缓解和治疗作用。在花生生长旺盛时期，或者在连续阴雨天土壤中水分较多导致花生根系吸收养分困难时，叶面喷施水溶肥效果更加显著。花生中后期喷施叶面肥对防早衰、提高光合作用效率、促饱果有显著作用。微生物菌肥是指由单一或多种微生物制备而成的菌剂，如根瘤菌剂、固氮菌剂、磷细菌剂、抗生菌剂、复合菌剂等，具有增加土壤中有益微生物数量及活性、改变土壤菌群结构、改善土壤质量、增加土壤中的有机质、阻止病原菌入侵、促进农作物生长等功能。在花生生长期施用根瘤菌剂等微生物菌肥能够有效提高花生根系结瘤数目，增强花生自身生物固氮能力，有利于花生产业绿色、高效、健康、可持续发展。

（5）水肥调节

水分和养分是影响作物生长、产量与品质的重要因子，他们对作物生长的作用不是孤立的，而是相互作用、相互影响的。水分胁迫条件下，氮对地上部的促进作用显著下降，施氮量影响不大；水分充足则适宜的施氮量有利于地上部干物质的积累。增加灌水量，氮素利用效率增加，但过量的灌水，氮素利用效率下降。

水肥一体化技术把施肥同灌溉结合起来，在提高水肥利用率同时，避免水分、肥料过量造成的资源浪费、环境污染等问题。水肥一体化技术在测土配方施肥的基础上，根据花生不同生育时期的需肥规律，先将肥料溶解成浓度适宜的水溶液，采取定时、定量、定向的施肥方式，除了减少肥料挥发、流失及土壤对养分的固定外，实现了集中施肥和平衡施肥，在同等条件下，一般可节肥30%~50%。水肥一体化可以节约水资源，相比传统灌溉，利用以色列补偿式灌溉技术减少水分的渗透损失，减少用水量50%~70%，提高水的利用率到75%，并有助于花生产量增加。这对于水资源贫瘠的土地种植花生尤为重要。水肥一体化还可以实现大量营养元素与中微量营养元素的适宜混配及合理供应。花生不同生长时期，利用水肥一体化结合新型配方肥，可以促进肥效协同效应，达到减少化肥用量、提高花生脂肪和蛋白质等指标品质的目的。此外，还可通过输送管道供给适宜种类和浓度的农药，实现水肥药一体化施用，减少农药的残留，促进花生品质提升和生态安全。

### 5. 氮磷高效农艺管理措施

合理的农艺管理措施能够减少氮磷肥投入，有效降低磷固定，改善土壤磷素活性，提高氮磷肥利用效率。

（1）耕作

中耕和深耕处理有效降低土壤容重，改善土壤的通气性和保水性，促进土壤微生物的活动，土壤中的有机质和养分可以更好地供应给花生，同时疏松土壤有助于根系的生长和发育，提高花生对氮磷等养分的吸收能力。同时，深耕还可以促进土壤中有机质的分解和养分的释放，增加土壤的氮磷含量。免耕处理能够增加土壤有机磷总量，增加中活性和中稳性有机磷，而采取秸秆还田措施，可以增加土壤的有机质含量，改善土壤的结构和质地，促进土壤有机磷向中稳性和高稳性有机磷转化。减少耕作和交叉坡度种植是阻止农田磷地表径流流失的有效措施，在保持水土的同时增加了土壤有效磷含量。

（2）轮作

花生与多种作物进行轮作在缓解花生连作导致的花生根系自毒作用的同时，能够减少单一作物对土壤中特定养分的过度利用，实现氮磷养分的均衡利用，减少养分的流失和排放，提高土壤的氮磷含量。花生耐肥耐旱耐瘠薄，适应性较强，宜轮作倒茬，连作重茬会造成花生病害加重早衰减产 20%左右。种植 2 年以上需轮作，采用轮作倒茬、间套和等粮油多熟栽培方式可有效破除花生连作障碍，减轻病虫害，提高土壤肥力，促进花生品质提升。研究表明，在沙质浅脚田上采用花生—水稻/小麦轮作方式，可显著提高土壤肥力亦可减少花生病虫连续侵害的威胁。对于不适宜轮作制度地区，间(套）作在减少花生田连作不利影响的同时可提高土地效益。

（3）间作

玉米/花生间作可以改良花生的铁黄化现象，通过间作效应，补充花生需要的铁营养，促进叶绿素的生成，增强对弱光的吸收能力，进而提高光合作用，增加花生产量。玉米/花生间作能够改善玉米和花生根区的营养状况，间作的根际效应有利于玉米从土壤中获得更多的营养元素花生与玉米、小麦等其他作物间（套）作，还可影响粉砂粒、粉粒和黏粒比例状况，改善土壤的物理性状，提高土壤防风蚀能力。

（4）配方施肥

根据花生的需肥规律，土壤的供肥性能与肥料的效应，在增施有机肥的基础上，按照氮、磷、钾和微量元素的适宜用量，进行科学配比，合理使用，以满足花生生长发育对各种营养元素的需求。

（5）优化施肥措施

目前主要的氮磷肥优化措施包括分次施肥、分层施肥、施用控释肥、减氮配施钙肥、水肥耦合等。这些措施可以提高氮磷利用率、增加产量和改善花生品质。

合理施用氮肥，充分发挥根瘤的供氮能力：适量施用氮肥可以促进花生的营养生长，但过量施用氮肥会导致营养生长和生殖生长失调，限制根瘤菌的固氮作用，降低氮素利用率，产量反而下降。根据土壤肥力水平，确定适宜的氮肥用量，考虑花生生育的实际状况，以获得较高的经济效益。

适当增施磷肥：在一定氮磷施用量范围内，适当增施氮磷肥可以提高花生产量构成因素水平，增加苗期根瘤菌数，提升根瘤固氮能力，提高荚果产量。然而，过量施用氮磷会降低产量构成因素水平和经济效益系数，且不同基因型品种存在差异，未来应根据不同花生基因型因需适量施用磷肥。

# 参考文献

艾天成，李方敏，周治安，等，2000. 作物叶片叶绿素含量与SPAD值相关性研究［J］. 湖北农学院学报，1：6-8.

陈悦，陈超美，刘则渊，等，2015. CiteSpace知识图谱的方法论功能［J］. 科学学研究，33（2）：242-253.

冯璐，冷伏海，2006. 共词分析方法理论进展［J］. 中国图书馆学报，（2）：88-92.

傅柱，王日芬，陈必坤，2016. 国内外知识流研究热点：基于词频的统计分析［J］. 图书馆学研究，（14）：2-12，21.

高飞，翟志席，王铭伦，2011. 密度对夏直播花生光合特性及产量的影响［J］. 中国农学通报，27（9）：320-323.

国家统计局，2021. 中国统计年鉴［M］. 北京：中国统计出版社.

何荣利，1993.《中国农业科学》1987—1991年引文分析：兼论我国农业科技人员文献利用状况［J］. 中国农业科学，26（2）：92-96.

胡佳卉，孟庆刚，2017. 基于CiteSpace的中药治疗2型糖尿病知识图谱分析［J］. 中华中医药杂志，（9）：4102-4106.

黄鸿翔，李书田，李向林，等，2006. 我国有机肥的现状与发展前景分析［J］. 中国土壤与肥料，（1）：3-8.

郎明，2019. 长期施用磷肥土壤微生物的群落结构特征及适应性探究［D］. 北京：中国农业大学.

李瑞海，2008. 不同配方叶面肥对作物生长的影响［D］. 南京：南京农业大学.

李想，刘艳霞，刘益仁，等，2013. 有机无机肥配合对土壤磷素吸附、解吸和迁移特性的影响［J］. 核农学报，27（2）：253-259.

李燕青，温延臣，林治安，等，2019. 不同有机肥与化肥配施对氮素利用率和土壤肥力的影响［J］. 植物营养与肥料学报，25（10）：1669-1678.

李燕婷，李秀英，肖艳，等，2009. 叶面肥的营养机理及应用研究进展［J］. 中国农业科学，42（1）：162-172.

李玥，韩萌，杨劲峰，等，2020. 炭基肥配施有机肥对风沙土养分含量及酶活性的影响［J］. 花生学报，49（2）：1-7，15.

李泽琪，贺媛炜，罗倩，等，2022. 基于 VOSviewer 与 CiteSpace 的中医药调节低氧诱导因子表达研究图谱分析［J］. 中国中医药信息杂志，29（7）：33-39.

梁舒欣，耿怡爽，周春雨，等，2023. 控释肥养分释放对坡耕地土壤磷钾损失及花生产量的影响［J］. 土壤，55（3）：544-553.

梁雄，彭克勤，杨毅，2011. 叶面施肥对花生光合作用和植物激素的影响［J］. 作物研究，25（1）：15-18.

林郑和，陈荣冰，陈常颂，2011. 植物对氮胁迫的生理适应机制研究进展［J］. 湖北农业科学，50（23）：4761-4764.

刘彬，陈柳，2015. 基于 WOS 和 Citespace 的华中农业大学基础研究状况分析［J］. 中国科学基金，29（1）：42-47.

刘婧，2004. 文献作者分布规律研究：对近十五年来国内洛特卡定律，普赖斯定律研究成果综述［J］. 情报科学，2（1）：123-128.

刘路，沈浦，张继光，等，2019. 农田土壤潜在有效磷的转化与利用研究进展［J］. 贵州农业科学，47（4）：51-55.

刘明信，齐凤青，王璞琳，2020. 近 10 年国内智慧图书馆领域文献研究分析［J］. 情报探索（8）：121-127.
刘学良，修俊杰，张一楠，等，2018. 不同磷肥用量对花生生长发育的影响［J］. 农业科技通讯（12）：5.
柳维扬，张建国，赵湛，等，2006. 不同耕作方式对玉米生长发育的影响［J］. 塔里木大学学报，1：6-9.
罗盛，杨友才，沈浦，等，2015. 花生氮素吸收、根系形态及叶片生长对叶面喷施尿素的响应特征［J］. 山东农业科学，47（10）：45-48，59.
孟翠萍，张佳蕾，吴曼，等，2023. 花生磷利用效率及土壤盈余磷分布对不同耕作措施的响应特征［J］. 花生学报，52（1）：33-43.
邱均平，2000. 信息计量学（六）：文献信息作者分布规律：洛特卡定律［J］. 情报理论与实践，23（6）：475-478.
求盈盈，沈波，郭秀珠，等，2009. 叶面营养对杨梅叶片光合作用及果实品质的影响［J］. 果树学报，26（6）：902-906.
全林发，陈炳旭，姚琼，等，2018. 基于文献计量学和Citespace的荔枝蒂蛀虫研究态势分析［J］. 果树学报，35（12）：1516-1529.
任春玲，2023. 国内外花生产业发展动态与河南省花生产业前景分析［J］. 河南农业（10）：28-34.
沈浦，2020. 花生优质高效生产关键技术［M］. 北京：中国农业科学技术出版社.
沈浦，冯昊，罗盛，等，2016. 缺氮胁迫下含 $Na^+$ 叶面肥对花生生长的抑制及补氮后的恢复效应［J］. 植物营养与肥料学报，22（6）：1620-1627.
沈浦，罗盛，吴正锋，等，2015. 花生磷吸收分配及根系形态对不同酸碱度叶面磷肥的响应特征［J］. 核农学报，29（12）：2418-2424.
沈浦，吴正锋，王才斌，等，2017. 花生钙营养效应及其与磷协同吸收特征［J］. 中国油料作物学报，39（1）：85-90.
沈振锋，张开金，夏雪，等，2021. 基于文献计量法的三峡库区消落带研究现状及热点分析［J］. 水生态学杂志，42（1）：26-34.
盛荣，肖和艾，谭周进，等，2010. 土壤解磷微生物及其磷素有效性转化机理研究进展［J］. 土壤通报，41（6）：1505-1510.
石彦琴，陈源泉，隋鹏，等，2010. 农田土壤紧实的发生、影响及其改良［J］. 生态学杂志，29（10）：2057-2064.
史志华，刘前进，张含玉，等，2020. 近十年土壤侵蚀与水土保持研究进展与展望［J］. 土壤学报，57（5）：1117-1127.
司贤宗，张翔，毛家伟，等，2016. 施氮量对花生产质量及氮肥利用率的影响［J］. 中国农学通报，32（29）：91-96.
孙虎，2013. 氮肥对花生根瘤生长发育的影响［J］. 现代农业科技，（16）：2.
孙虎，王月福，王铭伦，等，2010. 施氮量对不同类型花生品种衰老特性和产量的影响［J］. 生态学报，30（10）：2671-2677.
唐国昌，2009. 花生肥的生产与施用［J］. 磷肥与复肥，24（1）：61，65，72.
滕泽栋，李敏，朱静，等，2017. 解磷微生物对土壤磷资源利用影响的研究进展［J］. 土壤通报，48（1）：229-235.
万书波，2003. 中国花生栽培学［M］. 上海：上海科学技术出版社.
万书波，2008. 花生品种改良与高产优质栽培［M］. 北京：中国农业出版社.
万书波，封海胜，左学青，等，2001. 花生不同类型品种氮素利用效率的研究［J］. 山东农业科学，（2）：18-20.
万书波，李新国，2022. 花生全程可控施肥理论与技术

[J]. 中国油料作物学报，44（1）：211-214.
王才斌，万书波，2011. 花生生理生态学［M］. 北京：中国农业出版社.
王才斌，郑亚平，张礼凤，等，2000. 花生高产栽培有机肥与无机肥产量效应及优化配施研究［J］. 花生科技，（1）：22-24.
王飞，林诚，何春梅，等，2011. 不同有机肥对花生营养吸收、土壤酶活性及速效养分的影响［J］. 中国土壤与肥料，（2）：57-60.
王月福，徐亮，赵长星，等，2012. 施磷对花生积累氮素来源和产量的影响［J］. 土壤通报，43（2）：444-450.
魏志强，2002. 不同基因型花生磷效率的差异及其机理研究［D］. 山东农业大学.
吴曼，沈浦，孙学武，等，2020. 国内外花生肥料施用研究的文献计量学分析［J］. 山东农业科学，52（09）：157-164，172.
吴鹏，李宁，郑武勇，等，2022. 不同活性腐殖酸缓释肥施肥水平对花生产量与肥料利用的影响［J］. 湖北农业科学，61（24）：60-63.
吴正锋，2014. 花生高产高效氮素养分调控研究［D］. 北京：中国农业大学.
吴正锋，陈殿绪，郑永美，等，2016. 花生不同氮源供氮特性及氮肥利用率研究［J］. 中国油料作物学报，2（38）：207-213.
徐明岗，梁国庆，张夫道，2015. 中国土壤肥力演变（第二版）［M］. 北京：中国农业科学技术出版社.
杨吉顺，李尚霞，张智猛，等，2014. 施氮对不同花生品种光合特性及干物质积累的影响［J］. 核农学报，28（1）：154-160.

杨丽玉，刘璇，孟翠萍，等，2021. 花生氮磷高效利用特征及生理分子机制研究进展［J/OL］. 分子植物育种，19（11）：1-7.
杨如萍，郭贤仕，吕军峰，等，2010. 不同耕作和种植模式对土壤团聚体分布及稳定性的影响［J］. 水土保持学报，24（1）：252-256.
于天一，孙学武，石程仁，等，2016. 磷素对花生碳氮含量及生长发育的影响［J］. 花生学报，45（4）：43-49.
张超，文涛，张媛，等，2020. 基于文献计量分析的镰刀菌枯萎病研究进展解析［J］. 土壤学报，57（5）：1280-1291.
张铭光，黄群声，李娘辉，等，1998. 花生专用叶面肥对花生根系的影响［J］. 中国油料作物学报，20（2）：75-78.
张世贤，2001. 我国有机肥料的资源、利用、问题和对策［J］. 磷肥与复肥，16：8-11.
张向前，杨文飞，徐云姬，2019. 中国主要耕作方式对旱地土壤结构及养分和微生态环境影响的研究综述［J］. 生态环境学报，28（12）：2464-2472.
张亚如，张俊飚，张昭，2018. 中国农业技术研究进展：基于CiteSpace的文献计量分析［J］. 中国科技论坛，9：113-120.
张玉树，丁洪，卢春生，等，2007. 控释肥料对花生产量、品质以及养分利用率的影响［J］. 植物营养与肥料学报，13（4）：700-706.
张政勤，周文龙，姚丽贤，1998. 缺磷对不同基因型花生根系形态及磷效率的影响［J］. 广东农业科学，25（6）：31-32.
赵志强，1992. 花生的磷素营养特点及磷肥的施用［J］. 现代化农业，12：8-10.
郑亚萍，陈殿绪，信彩云，等，2014. 施磷水平对花生叶源生理特性的影响［J］. 核农学报，28（4）：727-731.

郑亚萍，信彩云，王才斌，等，2013. 磷肥对花生根系形态、生理特性及产量的影响［J］. 植物生态学报，37（8）：777-785.

郑永美，杜连涛，王春晓，等，2019. 不同花生品种根瘤固氮特点及其与产量的关系［J］. 应用生态学报，30（3）：961-968.

郑永美，王才斌，万更波，等，2012. 不同形态氮肥对花生氮代谢及氮积累的影响［J］. 山东农业科学，44：57-62.

周录英，李向东，汤笑，等，2007. 氮、磷、钾肥不同用量对花生生理特性及产量品质的影响［J］. 应用生态学报，18（11）：2468-2474.

周曙东，孟桓宽，2017. 中国花生主产区种植面积变化的影响因素［J］. 江苏农业科学，45（13）：250-253.

祝英，王治业，彭轶楠，等，2015. 有机肥替代部分化肥对土壤肥力和微生物特征的影响［J］. 土壤通报，46（5）：1161-1167.

左元梅，刘永秀，张福锁，2003. $NO^{3-}$态氮对花生结瘤与固氮作用的影响［J］. 生态学报，23（4）：758-764.

AI C，LIANG G，SUN J，et al.，2013. Different roles of rhizosphere effect and long-term fertilization in the activity and community structure of ammonia oxidizers in a calcareousuvo-aquic soil［J］. Soil Biology and Biochemistry，57：30-42.

BEATTY P H，ANBESSA Y，JUSKIW P，et al.，2010. Nitrogen use efficiencies of spring barley grown under varying nitrogen conditions in the field and growth chamber［J］. Annals of Botany，105（7）：1171-1182.

BEECKMAN F，MOTTE H，BEECKMAN T，2018. Nitrification in agricultural soils：impact，actors and mitigation［J］. Current Opinion in Biotechnology，50：166-173.

BERBEE M L, PIRSEYEDI M, HUBBARD S, 1999. Cochliobolus phylogenetics and the origin of known, highly virulent pathogens, inferred from ITS and glyceraldehyde-3-phosphate dehydrogenase gene sequences [J]. Mycologia, 91 (6): 964-977.

BOLTON M D, 2009. Primary metabolism and plant defense-fuel for the fire [J]. Molecular plant-microbe Interactions, 22 (5): 487-497.

CERRATO M E, BLACKMER A M, 1990. Comparison of models for describing; corn yield response to nitrogen fertilizer [J]. Agronomy journal, 82 (1): 138-143.

CHEN Q, WANG Y, ZHANG Z, et al., 2021. Arginine increases tolerance to nitrogen deficiency in malushupehensis via alterations in photosynthetic capacity and amino acids metabolism [J]. Frontiers in Plant Science, 12: 772086.

CHUN L, MI G, LI J, et al., 2005. Genetic analysis of maize root characteristics in response to low nitrogen stress [J]. Plant and Soil, 276 (1): 369-382.

CHOWDHURY R B, MOORE G A, WEATHERLEY A J, et al., 2014. A review of recent substance flow analyses of phosphorus to identify priority management areas at different geographical scales [J]. Resources, Conservation and Recycling, 83: 213-228.

DAIMON H, YOSHIOKA M, 2001. Responses of root nodule formation and nitrogen fixation activity to nitrate in asplit-root system in peanut (*Arachis hypogaea* L.) [J]. Journal of Agronomy and Crop Science, 187: 89-95.

DENG Y, TENG W, TONG Y P, et al., 2018. Phosphorus efficiency mechanisms of two wheat cultivars as affected by a range of phosphorus levels in the field [J]. Frontiers in Plant Science, 9: 1614.

FAN F, LI Z, STEVEN A, et al., 2012. Mineral fertilizer alters cellulolytic community structure and suppresses soil cellobiohydrolase activity in a long - term fertilization experiment [J]. Soil Biology and Biochemistry, 55: 70-77.

FAUCI M F, DICK R P, 1994. Soil microbial dynamics: short- and long - term effects of inorganic and organic nitrogen [J]. Soil Science Society of America Journal, 58 (3): 801-806.

GARNETT T, CONN V, KAISER B N, 2009. Root based approaches to improving nitrogen use efficiency in plants [J]. Plant, Cell & Environment, 32 (9): 1272-1283.

GU M, CHEN A, SUN S, et al., 2016. Complex regulation of plant phosphate transporters and the gap between molecular mechanisms and practical application: what ismissing? [J]. Molecular Plant, 9 (3): 396-416.

HAMER U, MARSCHNER B, 2005. Priming effects in different soil types induced by fructose, alanine, oxalic acid and catechol additions [J]. Soil Biology & Biochemistry, 37: 445-454.

HE G, ZHANG J, HU X, et al., 2010. Effect of aluminum toxicity and phosphorus deficiency on the growth and photosynthesis of oil tea (*Camellia oleifera* Abel.) seedlings in acidic red soils [J]. Acta Physiologiae Plantarum, 33: 1285-1292.

HINSINGER P, 2001. Bioavailability of soil inorganic P in the rhizosphere as affected by root-induced chemical changes: a review [J]. Plant and Soil, 237 (2): 173-195.

JIANG M, SUN L, ISUPOV M N, et al., 2019. Structural basis

for the target DNA recognition and binding by the MYB domain of phosphate starvation response 1 [J]. FEBS Journal, 286: 2809–2821.

LAU J A, LENNON J T, 2012. Rapid responses of soil microorganisms improve plant fitness in novel environments [J]. Procceedings of National Academy of Sciences of the United States of America, 109: 14058–14062.

LEI P, XU Z, LIANG J, et al., 2015. Poly (γ –glutamic acid) enhanced tolerance to salt stress by promoting proline accumulation in *Brassica napus* L. [J]. Plant Growth Regulation, 78: 233–241.

LIANG H, YANG L, WU Q, et al., 2023. Regulation of the C: N ratio improves the N–fixing bacteria activity, root growth, and nodule formation of peanut [J]. Journal of Soil Science and Plant Nutrition, 23 (3): 4596–4608.

LIANG H, YANG L, WU Q, et al., 2022. Exogenous glucose modulated the diversity of soil nitrogen–related bacteria and promoted the nitrogen absorption and utilisation of peanut [J]. Plant, Soil and Environment, 68 (12): 560–571.

LIU Y, WANG H, JIANG Z, et al., 2021. Genomic basis of geographical adaptation to soil nitrogen in rice [J]. Nature, 590 (7847): 600–605.

LÓPEZ – ARREDONDO D L, LEYVA – GONZÁLEZ M A, GONZÁLEZ–MORALES S I, et al., 2014. Phosphate nutrition: improving low–phosphate tolerance in crops [J]. Annual review of plant biology, 65: 95–123.

MENG L, YANG Y, MA Z, et al., 2022. Integrated physiological, transcriptomic and metabolomic analysis of the response of *Trifolium pratense* L. to Pb toxicity [J]. Journal of

Hazardous Materials, 436: 129128.
NING Q S, HÄTTENSCHWILER S, LÜX T, et al., 2021. Carbon limitation overrides acidification in mediating soil microbial activity to nitrogen enrichment in a temperate grassland [J]. Global Change Biology, 27: 5976-5988.
PETER J LEA, GAUDRY F J, 2001. Plant Nitrogen [M]. Berlin, Heidelberg: Springer Science & Business Media.
QIN L, WALK T C, HAN P, et al., 2018. Adaption of roots to nitrogen deficiency revealed by 3D quantification and proteomic analysis. Plant Physiol. 179: 329-347.
SHEN J, ZHANG F, SIDDIQUE K H M, 2018. Sustainable resource use in enhancing agricultural development in China [J]. Engineering, 4: 588-589.
SHEN P, LI D, GAO J G, et al., 2011. Effects of long-term application ofsulphur - containing and chloride - containing chemical fertilizers on rice yield and its components [J]. Agricultural Sciences in China, 10: 101-105.
SILVA A MM, ESTRADA-BONILLA G A, LOPES C M, et al., 2022. Does organomineral fertilizer combined with phosphate-solubilizing bacteria in sugarcane modulate soil microbial community and functions? [J]. Microbial Ecology, 84 (2): 539-555.
STEGEN J C, LIN X, KONOPKA A E, et al., 2012. Stochastic and deterministic assembly processes in subsurface microbial communities [J]. The ISME journal, 6 (9): 1653-1664.
SUN Z H, HU Y, SHI L, et al., 2022. Effects of biochar on soil chemical properties: a global meta-analysis of agricultural soil [J]. Plant, Soil and Environment, 68: 272-289.
VERSLUES P E , JUENGER T E, 2011. Drought, metabolites, and Arabidopsis natural variation: a promising combination for

understanding adaptation to water - limited environments [J]. Current Opinion in Plant Biology, 14 (3): 240-245.

WANG C B, ZHENG Y M, SHEN P, et al., 2015. Determining N supplied sources and N use efficiency for peanut under applications of four forms of N fertilizers labeled by isotope $^{15}N$ [J]. Journal of Integrative Agriculture, 15 (2): 432-439.

WERTZ S, LEIGH A K K, GRAYSTON S J, 2012. Effects of long-term fertilization of forest soils on potential nitrification and on the abundance and community structure of ammonia oxidizers and nitrite oxidizers [J]. FEMS Microbiology Ecology, 79 (1): 142-154.

WOJCIK P, 2004. Uptake of mineral nutrients from foliar fertilization [J]. Journal of fruit and ornamental plant research, 12 (Spec. ed.).

WU Q, YANG L, LIANG H, et al., 2022. Integrated analyses reveal the response of peanut to phosphorus deficiency on phenotype, transcriptome and metabolome [J]. BMC Plant Biology, 22 (1): 1-26.

XIE W, ZHANG K, WANG X, et al., 2022. Peanut and cotton intercropping increases productivity and economic returns through regulating plant nutrient accumulation and soil microbial communities [J]. BMC Plant Biology, 22 (1): 121.

XIN W, ZHANG L, ZHANG W, et al., 2019. An integrated analysis of the rice transcriptome and metabolome reveals differential regulation of carbon and nitrogen metabolism in response to nitrogen availability [J]. International Journal of Molecular Sciences, 20: 2349.

XU H X, WENG X Y, YANG Y, 2007. Effect of phosphorus deficiency on the photosynthetic characteristics of rice plants

[J]. Russian Journal of Plant Physiology, 54: 741-748.

YANG L, WU Q, LIANG H, et al., 2022. Integrated analyses of transcriptome and metabolome provides new insights into the primary and secondary metabolism in response to nitrogen deficiency and soil compaction stress in peanut roots [J]. Frontiers in Plant Science, 13: 948742.

YOSHIDA M, ISHII S, OTSUKA S, et al., 2010. nirK-harboring denitrifiers are more responsive to denitrification-inducing conditions in rice paddy soil than nirS-harboring bacteria [J]. Microbes and Environments, 25 (1): 45-48.

ZHANG J, WANG Y, ZHAO Y, et al., 2021. Correction: transcriptome analysis reveals nitrogen deficiency induced alterations in leaf and root of three cultivars of potato (*Solanum tuberosum* L.) [J]. PLoS ONE, 16: e0253994.

ZRIBI O T, LABIDI N, SLAMA I, et al., 2011. Alleviation of phosphorus deficiency stress by moderate salinity in the halophyte *Hordeum maritimum* L. [J]. Plant Growth Regulation, 66: 75-85.